平成３０年産

果樹生産出荷統計

大臣官房統計部

令和２年３月

農林水産省

目　　次

〔付:品目別目次〕

利用者のために

1　調査の概要

(1)　調査の目的

作物統計調査の作況調査の果樹調査（以下「本調査」という。）として実施したものであり、果樹の結果樹面積（パインアップルにあっては、収穫面積）、収穫量、出荷量等の現状とその動向を明らかにし、食料・農業・農村基本計画における果実の生産努力目標の策定及びその達成に向けた生産対策、需給調整・流通改善対策の推進、農業保険法（昭和22年法律第185号）に基づく果樹共済事業の適正な運営等のための資料を整備することを目的としている。

(2)　調査の根拠

作物統計調査は、統計法（平成19年法律第53号）第９条第１項に基づく総務大臣の承認を受けて実施した基幹統計調査である。

(3)　調査の機構

本調査は、農林水産省大臣官房統計部及び地方組織を通じて行った。

(4)　調査の体系（太枠部分が公表した範囲）

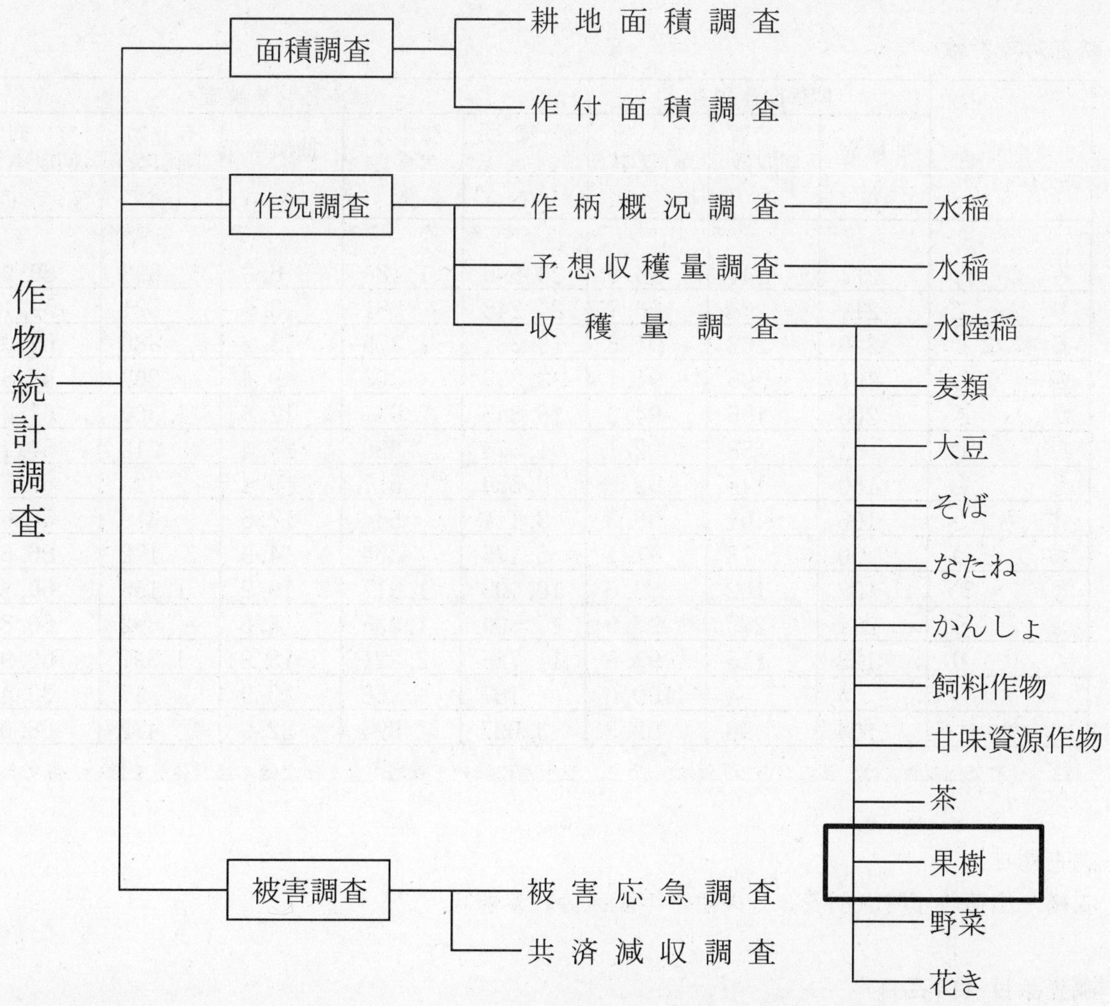

(5)　調査の範囲

全ての都道府県を調査対象とする全国調査を６年ごとに実施しており（直近では平成26年産）、その中間年に当たる本年産にあっては、調査対象品目ごとに、平成28年面積調査結果に基づき、全国の栽培面積のおおむね80％を占めるまでの上位都道府県及び果樹共済事業を実施する都道府県並びにみかん及びりんごにあっては果実需給安定対策事業を実施する都道府県を調査の範囲（以下「主産県」という。）としている（別表１「品目別調査対象都道府県（主産県）一覧表」参照）。

なお、パインアップルは、沖縄県のみ調査を実施している。

(6)　調査対象者の選定

ア　関係団体調査（全数調査）

調査対象品目を取り扱っている全ての農協等の関係団体とした。

イ　標本経営体調査（標本調査）

都道府県ごとの収穫量に占める関係団体の取扱数量の割合が８割に満たない都道府県については、アに加えて、2015年農林業センサスにおいて調査対象品目を販売目的で栽培し、関係団体以外に出荷した農林業経営体から品目別作付面積の規模に比例した確率比例抽出法により抽出をした。

標本の大きさ（標本経営体数）については、全国の10ａ当たり収量を指標とした目標精度（みかん及びりんごについては１～２％、それ以外の品目は２～３％）が確保されるよう、都道府県別に調査対象品目の全国収穫量に占めるシェアを考慮して目標精度（みかん及びりんごについては３～15％、それ以外の品目は５～20％）を設定し、必要な標本経営体数を算出した。

(7)　調査対象者数

	関係団体調査			標本経営体調査				
	団体数 ①	有　効 回収数 ②	有　効 回収率 ③=②/①	母集団 の大きさ ④	標本の 大きさ ⑤	抽出率 ⑥=⑤/④	有　効 回収数 ⑦	有　効 回収率 ⑧=⑦/⑤
	団体	団体	%	経営体	経営体	%	経営体	%
みかん	271	244	90.0	23,600	1,484	6.3	893	60.2
りんご	211	204	96.7	24,248	881	3.6	521	59.1
日本なし	220	202	91.8	10,382	1,375	13.2	880	64.0
西洋なし	101	95	94.1	3,239	303	9.4	208	68.6
かき	208	196	94.2	15,846	2,031	12.8	1,366	67.3
びわ	63	58	92.1	1,374	390	28.4	212	54.4
もも	160	148	92.5	9,559	517	5.4	323	62.5
すもも	106	101	95.3	3,111	544	17.5	319	58.6
おうとう	90	73	81.1	6,176	304	4.9	172	56.6
うめ	122	102	83.6	10,009	1,917	19.2	1,165	60.8
ぶどう	281	275	97.9	15,509	1,335	8.6	892	66.8
くり	123	115	93.5	11,725	2,221	18.9	1,397	62.9
パインアップル	4	4	100.0	187	56	29.9	17	30.4
キウイフルーツ	104	96	92.3	3,027	694	22.9	472	68.0

注：「有効回収数」は、回収があったもののうち、当年産において栽培がなかった標本経営体等を除いた数である。

(8)　調査期日

収穫・出荷終了時（別表３「果樹の年産区分」参照）

(9)　調査品目（14品目）

みかん、りんご、日本なし、西洋なし、かき、びわ、もも、すもも、おうとう、うめ、ぶどう、くり、パインアップル及びキウイフルーツ

(10)　調査事項

ア　関係団体調査

調査品目別及び品種別（別表２「果樹の品種区分」参照）の結果樹面積、出荷量、出荷量のうち加工向け（みかん、りんご及びパインアップルに限る。）

イ　標本経営体調査

調査品目別及び品種別（別表２「果樹の品種区分」参照）の結果樹面積、収穫量（出荷量及び自家用、無償の贈与の量）

(11)　調査方法

関係団体に対する往復郵送調査又はオンライン調査及び標本経営体に対する往復郵送調査により行った。

(12)　集計方法

ア　都道府県値

農林水産省地方組織に提出された調査票は、農林水産省地方組織において集計した。

(ｱ)　結果樹面積の集計は、関係団体調査結果を基に行っており、職員又は統計調査員による巡回・見積り及び職員による情報収集により補完している。

(ｲ)　収穫量の集計は、関係団体調査及び標本経営体調査結果から得られた 10ａ当たり収量に結果樹面積を乗じて算出し、必要に応じて統計調査員による巡回又は職員による情報収集により補完している。

(ｳ)　出荷量の集計は、関係団体調査結果から得られた出荷量及び標本経営体調査結果から得られた10ａ当たり出荷量等を基に算出している。

イ　全国値

農林水産省地方組織から報告された都道府県値を用い、農林水産省大臣官房統計部において集計した。

また、本年産は主産県調査年に当たることから、全国調査を行った平成26年産の調査結果に基づき、次により推計した。ただし、みかん（計）については、早生温州と普通温州ごとに推計した全国値を合計している。また、パインアップルについては沖縄県のみの調査であり、全国値作成のための推計は行っていない。

(ｱ)　結果樹面積（りんご（計）、日本なし、西洋なし、かき、びわ、もも、すもも、おうとう、うめ、ぶどう、くり及びキウイフルーツ）

$$\text{全国値} = \text{結果樹面積の主産県値} + \frac{\text{結果樹面積の主産県値}}{\text{栽培面積の主産県値}} \times (\text{栽培面積の全国値} - \text{栽培面積の主産県値})$$

（注）：「栽培面積」は、『平成30年耕地及び作付面積統計』（農林水産省統計部）による。

(ｲ)　結果樹面積（みかん及びりんごの各品種）、収穫量及び出荷量

$$\text{全国値} = \frac{\text{平成26年産の全国値} \times \text{平成30年産の主産県値}}{\text{平成26年産の主産県値}}$$

(14)　調査の精度

本調査結果（主産県計）の 10ａ当たり収量を指標とした実績精度を標準誤差率（標準誤差の推定値÷推定値×100）により示すと、次のとおりである。

区　分	標準誤差率	区　分	標準誤差率
	%		%
みかん	1.3	すもも	2.4
りんご	1.9	おうとう	2.3
日本なし	1.0	うめ	2.0
西洋なし	2.1	ぶどう	1.7
かき	1.1	くり	1.9
びわ	2.4	パインアップル	3.7
もも	2.1	キウイフルーツ	0.9

2　用語の説明

(1)　栽培面積

調査日現在において、複数年にわたって収穫を行うことができる永年性作物の栽培に利用している面積をいう。

(2)　結果樹面積

栽培面積のうち生産者が当該年産の収穫を意図して結果させた面積をいう。

なお、パインアップルの収穫面積は、平成30年４月１日から平成31年３月31日までに収穫した面積とした。

(3)　10ａ当たり収量

実際に収穫された結果樹面積（パインアップルにあっては、収穫面積）の 10ａ当たりの収穫量をいう。

(4)　収穫量

収穫したもののうち、生食用又は加工用として流通する基準を満たすものの重量をいう。

(5)　出荷量

収穫量から生産者の自家消費量、生産物を贈与した量、収穫後の減耗等の量を差し引いた重量をいう。このうち、「加工向け」とは加工用として出荷したものを、「生食向け」とは加工向け以外のものをいう。

また、出荷量の計量形態は、集出荷団体等の送り状の控え又は出荷台帳に記入された出荷時点における出荷荷姿の表示数量（レッテルの表示量目）を用いて計上した。

(6)　集出荷団体

取扱数量の多少にかかわらず、選別、包装、荷造り、輸送、代金計算等の全部又は一部を共同で行う団体（ただし、生産者が２～３戸で構成し、出荷量も極めて少なく、名目だけの任意組合のような団体は除く。）であって、総合農協、専門農協等のような出荷調整能力を有するものをいう。

(7)　年産区分

果樹は永年作物で、１年１収穫期であることから年産は暦年を原則とするが、出荷開始期などから出荷期間が２か年にわたる品目は、その全量を主たる収穫期間の属する年の年産とした（別表３「果樹の年産区分」参照）。

３　利用上の注意

(1)　本書に掲載した全国農業地域の区分は、次のとおりである。

全国農業地域名	所属都道府県名
北海道	北海道
東北	青森、岩手、宮城、秋田、山形、福島
北陸	新潟、富山、石川、福井
関東・東山	茨城、栃木、群馬、埼玉、千葉、東京、神奈川、山梨、長野
東海	岐阜、静岡、愛知、三重
近畿	滋賀、京都、大阪、兵庫、奈良、和歌山
中国	鳥取、島根、岡山、広島、山口
四国	徳島、香川、愛媛、高知
九州	福岡、佐賀、長崎、熊本、大分、宮崎、鹿児島
沖縄	沖縄

(2)　本書に掲載した結果樹面積、10ａ当たり収量、収穫量及び出荷量の統計数値は、各表示単位（ha、kg、ｔ）に基づき、次の方法によって四捨五入しており、合計値と内訳の計が一致しない場合がある。

原数		７桁以上（100万）	６桁（10万）	５桁（１万）	４桁（1,000）	３桁以下（100）
四捨五入する桁数（下から）		３桁	２桁		１桁	四捨五入しない
例	四捨五入する前（原数）	1,234,567	123,456	12,345	1,234	123
	四捨五入した数値（統計数値）	1,235,000	123,500	12,300	1,230	123

(3)　表中で用いた記号は、次のとおりである。

「０」：単位に満たないもの（例0.4ha → ０ha）

「－」：事実のないもの

「…」：事実不詳又は調査を欠くもの

「ｘ」：個人又は法人その他の団体に関する秘密を保護するため、統計数値を公表しないもの

「nc」：計算不能

(4)　秘匿方法について

統計調査結果について、生産者数が２以下の場合には、個人又は法人その他の団体に関する調査結果の秘密保護の観点から、当該結果を「ｘ」表示とする秘匿措置を施している。

なお、全体（計）からの差引きにより、秘匿措置を講じた当該結果が推定できる場合には、本来秘匿措置を施す必要のない箇所についても「ｘ」表示としている。

(5)　この統計表に掲載された数値を他に転載する場合は、「果樹生産出荷統計」（農林水産省）による旨を記載してください。

(6)　本統計の累年データについては、農林水産省ホームページ「統計情報」の分野別分類「作付面積・生産量、被害、家畜の頭数など」、品目別分類「果樹」の「作況調査（果樹）」で御覧いただけます。

【 https://www.maff.go.jp/j/tokei/kouhyou/sakumotu/sakkyou_kazyu/index.html#r 】

4　お問合せ先

農林水産省　大臣官房統計部　生産流通消費統計課　園芸統計班

電話：（代表）03－3502－8111　内線 3680

（直通）03－6744－2044

ＦＡＸ：　　　03－5511－8771

※　本調査に関するご意見、ご要望は、上記問合せ先のほか、当省ホームページでも受け付けております。

【 https://www.contactus.maff.go.jp/j/form/tokei/kikaku/160815.html 】

別表1

品目別調査対象都道府県（主産県）一覧表

都道府県	みかん	りんご	日本なし	西洋なし	かき	びわ	もも	すもも	おうとう	うめ	ぶどう	くり	パインアップル	キウイフルーツ
北海道	−	○	−	−	−	−	−	○	○	−	○	−	−	−
青森	−	○	−	○	−	−	−	○	−	−	○	−	−	−
岩手	−	○	−	−	−	−	−	−	−	−	○	−	−	−
宮城	−	○	○	−	○	−	−	−	−	○	−	−	−	−
秋田	−	○	○	−	−	−	−	−	○	−	○	○	−	−
山形	−	○	○	○	○	−	○	○	○	−	○	−	−	−
福島	−	○	○	○	○	−	○	○	−	○	○	−	−	−
茨城	−	−	○	−	○	−	−	−	−	○	○	○	−	○
栃木	−	−	○	−	−	−	−	−	−	○	−	○	−	○
群馬	−	○	○	−	−	−	−	−	−	○	○	○	−	○
埼玉	−	−	○	−	−	−	−	−	−	○	○	○	−	−
千葉	○	−	○	−	−	○	−	−	−	○	−	○	−	○
東京	−	−	○	−	−	−	−	−	−	−	−	○	−	−
神奈川	○	−	○	−	−	−	−	−	−	○	−	○	−	○
新潟	−	−	○	○	○	−	○	−	−	−	○	−	−	○
富山	−	○	○	−	○	−	−	−	−	−	○	−	−	−
石川	−	○	○	−	○	−	−	−	−	−	○	○	−	−
福井	−	−	○	−	○	−	−	−	−	○	−	−	−	−
山梨	−	○	−	−	○	−	○	○	○	○	○	−	−	○
長野	−	○	○	○	○	−	○	○	−	○	○	○	−	−
岐阜	−	○	○	−	○	−	○	−	−	−	−	○	−	−
静岡	○	−	−	−	○	−	−	−	−	○	−	○	−	○
愛知	○	−	○	−	○	−	−	−	−	○	○	−	−	○
三重	○	−	−	−	○	−	−	−	−	○	−	−	−	−
滋賀	−	−	○	−	−	−	−	−	−	−	○	−	−	−
京都	−	−	○	−	−	−	−	−	−	−	−	○	−	−
大阪	○	−	−	−	−	−	−	−	−	−	○	○	−	−
兵庫	○	−	○	−	−	○	−	−	−	−	○	○	−	−
奈良	−	−	−	−	○	−	−	−	−	○	−	−	−	−
和歌山	○	−	−	−	○	○	○	○	−	○	−	−	−	○
鳥取	−	−	○	−	○	−	−	−	−	−	○	−	−	−
島根	−	−	−	−	○	−	−	−	−	−	○	○	−	−
岡山	−	−	−	−	○	−	○	−	−	−	○	○	−	−
広島	○	○	○	−	○	−	−	−	−	○	○	−	−	○
山口	○	−	○	−	−	−	−	−	−	○	−	○	−	○
徳島	○	−	○	−	−	−	−	−	−	○	−	−	−	○
香川	○	−	○	−	○	○	○	−	−	−	○	○	−	○
愛媛	○	−	−	−	○	○	○	−	−	−	○	○	−	○
高知	○	−	−	−	−	○	−	−	−	−	−	−	−	−
福岡	○	−	○	−	○	−	−	○	−	○	○	○	−	○
佐賀	○	−	○	−	−	−	−	−	−	−	−	−	−	○
長崎	○	−	○	−	−	○	−	−	−	−	−	−	−	−
熊本	○	−	○	−	○	○	−	−	−	−	−	○	−	−
大分	○	−	○	−	−	○	−	−	−	○	○	○	−	○
宮崎	○	−	−	−	−	−	−	−	−	−	○	○	−	−
鹿児島	○	−	−	−	−	○	−	○	−	○	−	−	−	−
沖縄	−	−	−	−	−	−	−	−	−	−	−	−	○	−

別表２

果樹の品種区分

品目	品種区分
みかん	早生温州（3)ハウスみかん、極早生みかん）、普通温州
りんご	ふじ、つがる、ジョナゴールド、王林
日本なし	品種区分なし
西洋なし	〃
かき	〃
びわ	〃
1)もも	〃
2)すもも	〃
おうとう	〃
うめ	〃
ぶどう	〃
くり	〃
パインアップル	〃
キウイフルーツ	〃

注：1) ももには、ネクタリンを含む。
　　2) すももには、プルーンを含む。
　　3) ハウスみかん及び極早生みかんは、早生温州の内数である。

別表３

果樹の年産区分

品目	年産区分 (主たる収穫期間)	備考
みかん	平成30年９月～12月	みかんは早生温州と普通温州別にまとめており、主たる収穫期間は次のとおりである。 早生温州　平成30年９月～11月 （ハウスみかん　平成30年４月～７月 極早生みかん　平成30年９月） 普通温州　平成30年11月～12月
りんご	平成30年８月～11月	
日本なし	平成30年８月～９月	
西洋なし	平成30年９月～10月	
かき	平成30年９月～12月	
びわ	平成30年５月～６月	
もも	平成30年７月～８月	
すもも	平成30年６月～８月	
おうとう	平成30年５月～７月	
うめ	平成30年６月	
ぶどう	平成30年７月～10月	
くり	平成30年８月～10月	
パインアップル	平成30年４月～31年３月	
キウイフルーツ	平成30年10月～12月	

I　調査結果の概要

1　平成30年産果樹の結果樹面積・収穫量・出荷量の動向

平成30年産果樹の結果樹面積は17万7,800haで、前年産に比べ3,500ha（２％）減少した。

収穫量は249万ｔ、出荷量は222万7,000ｔで、前年産に比べそれぞれ２万7,000ｔ（１％）、３万2,000ｔ（１％）増加した。

図１　果樹の結果樹面積・収穫量・出荷量の推移

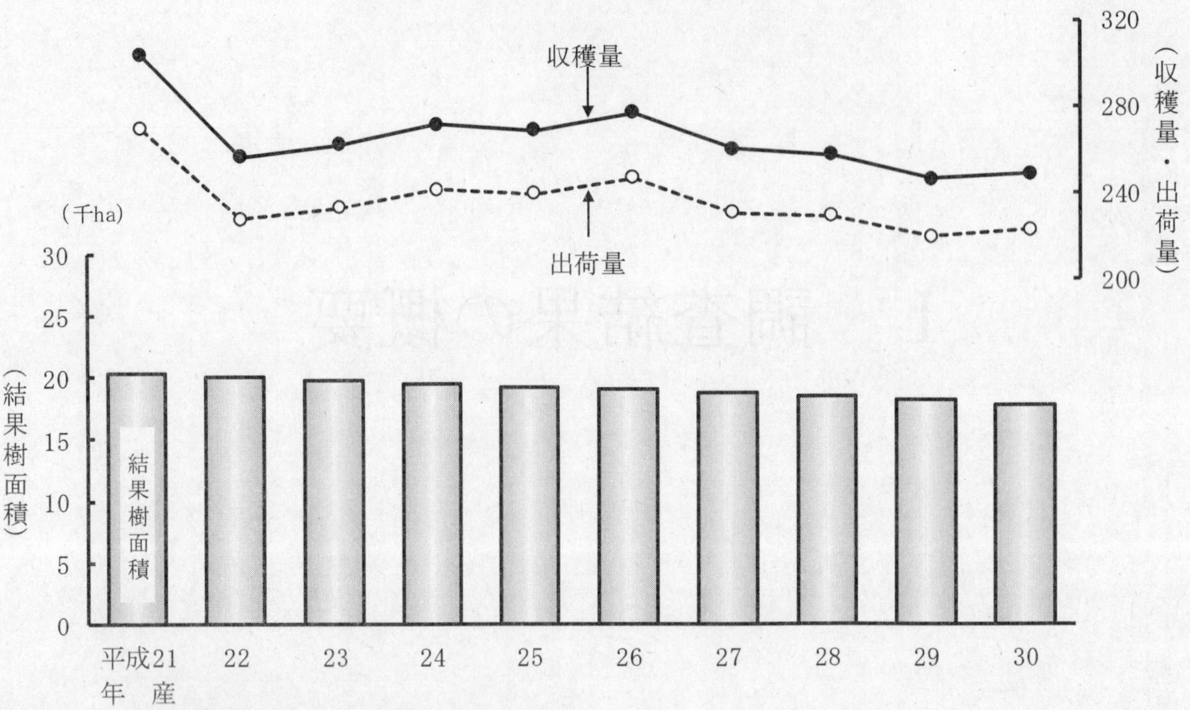

注：１　パインアップルは、沖縄県のみの数値である。
　　２　パインアップルは、収穫面積である。

表１　平成30年産果樹の結果樹面積・10ａ当たり収量・収穫量・出荷量（全国）

品目	結果樹面積	10ａ当たり収量	収穫量	出荷量	2) 対前年産比 結果樹面積	10ａ当たり収量	収穫量	出荷量
	ha	kg	t	t	%	%	%	%
計	**177,800**	**…**	**2,490,000**	**2,227,000**	**98**	**nc**	**101**	**101**
みかん	39,600	1,950	773,700	691,200	95	101	96	96
りんご	36,200	2,090	756,100	679,600	99	104	103	104
日本なし	11,400	2,030	231,800	214,300	97	97	94	95
西洋なし	1,470	1,830	26,900	23,700	99	94	92	92
かき	19,100	1,090	208,000	172,200	96	96	92	92
びわ	1,170	238	2,790	2,300	94	81	77	78
もも	9,680	1,170	113,200	104,400	100	91	91	91
すもも	2,780	831	23,100	20,400	99	119	118	119
おうとう	4,350	416	18,100	16,200	100	95	95	94
うめ	14,800	759	112,400	99,200	98	132	129	131
ぶどう	16,700	1,050	174,700	161,500	99	101	99	100
くり	18,300	90	16,500	13,000	97	91	88	90
1) パインアップル	319	2,300	7,340	7,160	101	86	86	86
キウイフルーツ	1,950	1,280	25,000	21,800	98	85	83	83

注：　1)は、沖縄県のみの数値である。また、結果樹面積は収穫面積である。
　　　2)のみかんは、果実数が多くなる年（表年）と少なくなる年（裏年）とが交互に発生する傾向があることから、対前年産比については平成28年産と対比した。

2 品目別の結果樹面積・10ａ当たり収量・収穫量・出荷量

(1) みかん

ア 結果樹面積

結果樹面積は３万9,600haで、前年産に比べ1,000ha（２％）減少した。

なお、平成28年産に比べると1,900ha（５％）減少した。

これは、高齢化による労力不足に伴う廃園があったこと等による。

イ 10ａ当たり収量

10ａ当たり収量は1,950kgで、平成28年産に比べ10kg（１％）上回った。

ウ 収穫量及び出荷量

収穫量は77万3,700ｔ、出荷量は69万1,200ｔで、平成28年産に比べると、それぞれ３万1,400ｔ（４％）、２万6,300ｔ（４％）減少した。

都道府県別にみた収穫量割合は、和歌山県が20%、静岡県が15%、愛媛県が15%、熊本県が12%となっており、この４県で全国の約６割を占めている。

品種別にみた収穫量割合は、早生温州が約６割を占めている。

図２ みかんの結果樹面積、収穫量及び出荷量の推移

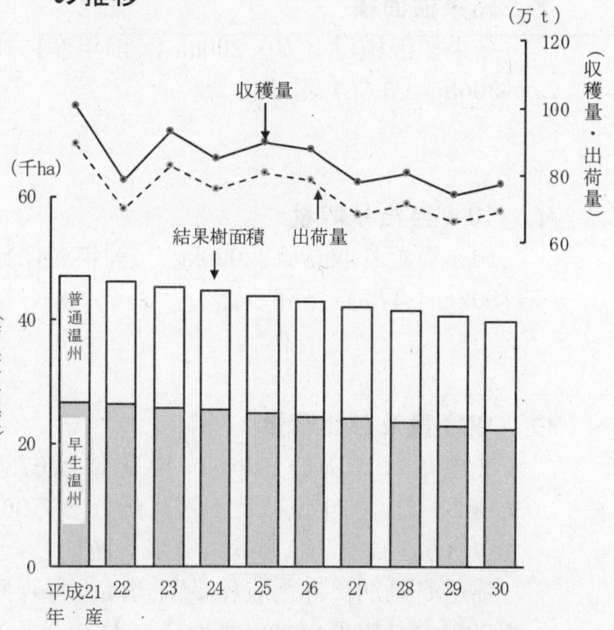

図３ みかんの都道府県別収穫量

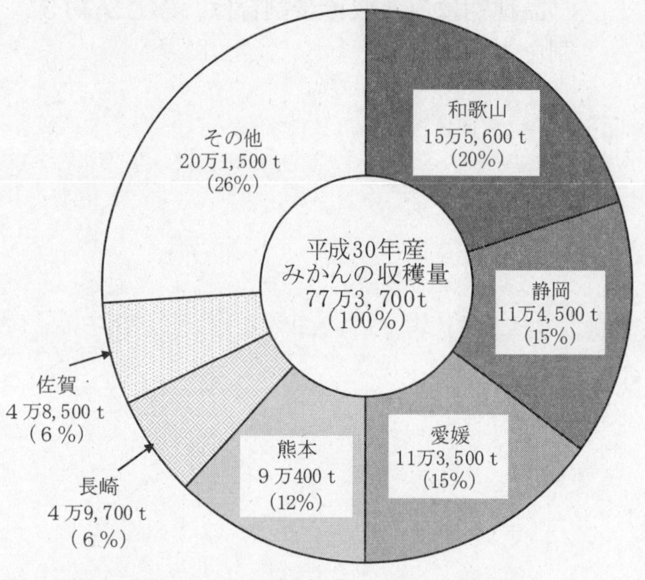

表２ 平成30年産みかんの結果樹面積・10ａ当たり収量・収穫量・出荷量（全国）

区分	結果樹面積	10ａ当たり収量	収穫量 実数	収穫量 割合	出荷量	対29年産比 結果樹面積	対28年産比 結果樹面積	対28年産比 10ａ当たり収量	対28年産比 収穫量	対28年産比 出荷量
	ha	kg	t	%	t	%	%	%	%	%
みかん	**39,600**	**1,950**	**773,700**	**100**	**691,200**	**98**	**95**	**101**	**96**	**96**
早生温州	22,200	1,990	442,600	57	400,600	97	95	102	97	97
うち 極早生みかん	6,550	1,840	120,200	16	109,600	96	92	104	95	96
ハウスみかん	403	4,990	20,100	3	19,200	97	93	103	95	96
普通温州	17,400	1,900	331,100	43	290,600	98	96	98	95	95

注： みかんは、果実数が多くなる年（表年）と少なくなる年（裏年）とが交互に発生する傾向があることから、結果樹面積は前年産（平成29年産）及び前々年産（平成28年産）と、10ａ当たり収量、収穫量及び出荷量は前々年産（平成28年産）と対比した。

(2) りんご

ア 結果樹面積

結果樹面積は３万6,200haで、前年産に比べ300ha（１％）減少した。

イ 10ａ当たり収量

10ａ当たり収量は2,090kgで、前年産に比べ80kg（４％）上回った。

ウ 収穫量及び出荷量

収穫量は75万6,100ｔ、出荷量は67万9,600ｔで、前年産に比べそれぞれ２万900ｔ（３％）、２万3,800t（４％）増加した。

都道府県別にみた収穫量割合は、青森県が59％、長野県が19％となっており、この２県で全国の約８割を占めている。

品種別にみた収穫量割合は、ふじが約５割を占めている。

図４ りんごの結果樹面積、収穫量及び出荷量の推移

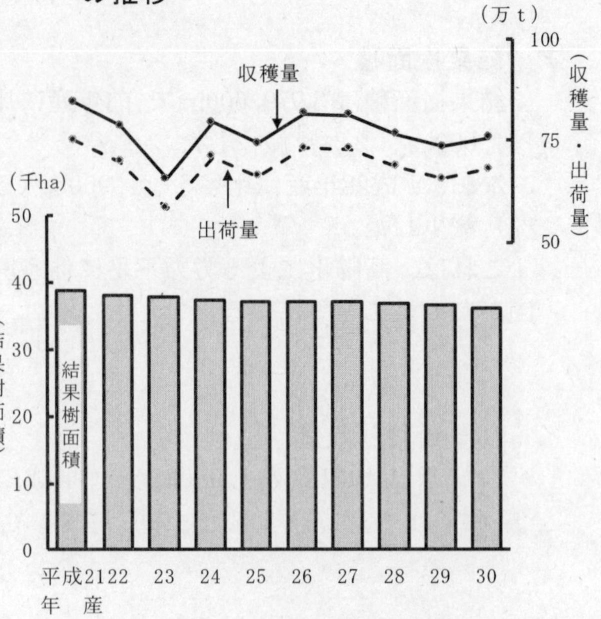

図５ りんごの都道府県別収穫量

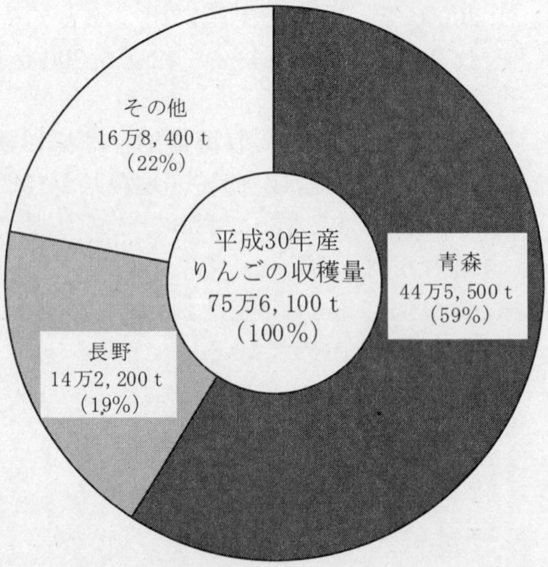

表３ 平成30年産りんごの結果樹面積・10ａ当たり収量・収穫量・出荷量（全国）

品目・品種	結果樹面積	10ａ当たり収量	収穫量		出荷量	対前年産比			
			実数	割合		結果樹面積	10ａ当たり収量	収穫量	出荷量
	ha	kg	t	%	t	%	%	%	%
りんご	**36,200**	**2,090**	**756,100**	**100**	**679,600**	**99**	**104**	**103**	**104**
うち ふじ	18,600	2,170	403,000	53	364,000	99	109	107	108
つがる	4,540	1,730	78,600	10	70,100	98	96	94	95
王林	2,770	1,890	52,300	7	47,200	98	94	92	92
ジョナゴールド	2,500	1,960	49,000	6	44,400	98	97	95	95

(3) 日本なし

ア　結果樹面積

結果樹面積は１万1,400haで、前年産に比べ300ha（３％）減少した。

これは、高齢化による労力不足に伴う廃園があったこと等による。

イ　10ａ当たり収量

10ａ当たり収量は2,030kgで、前年産に比べ70kg（３％）下回った。

これは、果実肥大期の高温・少雨による影響や一部地域で台風による落果等の被害が発生したこと等による。

ウ　収穫量及び出荷量

収穫量は23万1,800ｔ、出荷量は21万4,300ｔで、前年産に比べ１万3,600ｔ（６％）、１万2,300ｔ（５％）減少した。

都道府県別の収穫量割合は、千葉県が13％、茨城県が10％、栃木県が９％、福島県及び鳥取県がそれぞれ７％、長野県が６％となっており、この６県で全国の約５割を占めている。

図６　日本なしの結果樹面積、収穫量及び出荷量の推移

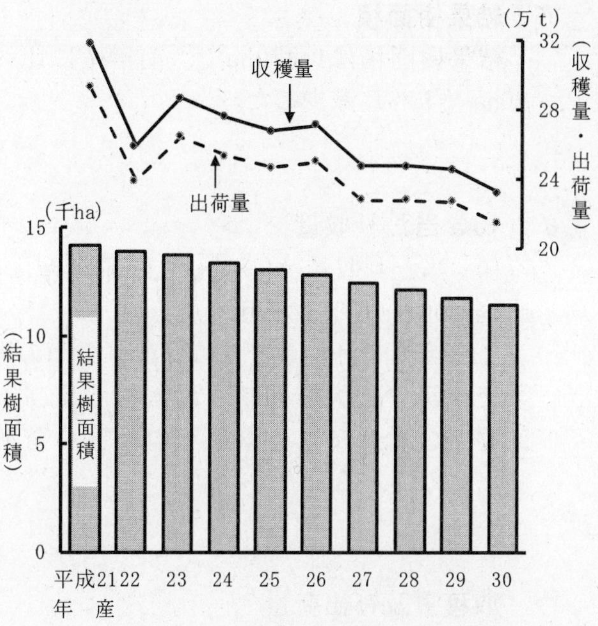

図７　日本なしの都道府県別収穫量

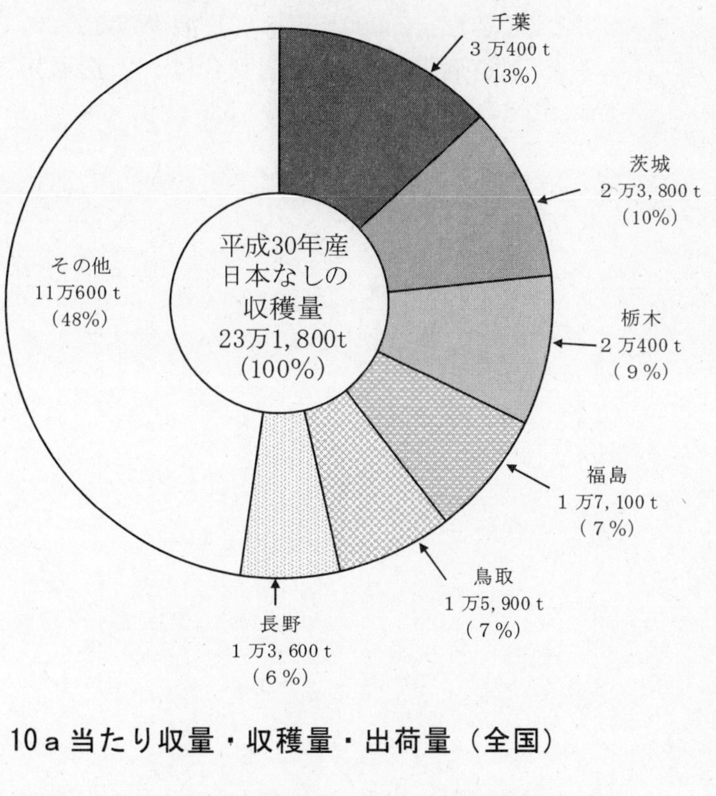

表４　平成30年産日本なしの結果樹面積・10ａ当たり収量・収穫量・出荷量（全国）

品目	結果樹面積	10ａ当たり収量	収穫量	出荷量	対前年産比			
					結果樹面積	10ａ当たり収量	収穫量	出荷量
	ha	kg	t	t	%	%	%	%
日本なし	11,400	2,030	231,800	214,300	97	97	94	95

(4) 西洋なし

ア 結果樹面積

結果樹面積は1,470haで、前年産に比べ20ha（１％）減少した。

イ 10ａ当たり収量

10ａ当たり収量は1,830kgで、前年産に比べ120kg（６％）下回った。

これは、７月から８月の高温、少雨の影響で果実の肥大が抑制されたこと及び一部地域で台風による落果等の被害が発生したためである。

ウ 収穫量及び出荷量

収穫量は２万6,900ｔ、出荷量は２万3,700ｔで、前年産に比べそれぞれ2,200ｔ（８％）、2,000ｔ（８％）減少した。

都道府県別の収穫量割合は、山形県が全国の約７割を占めている。

図８　西洋なしの結果樹面積、収穫量及び出荷量の推移

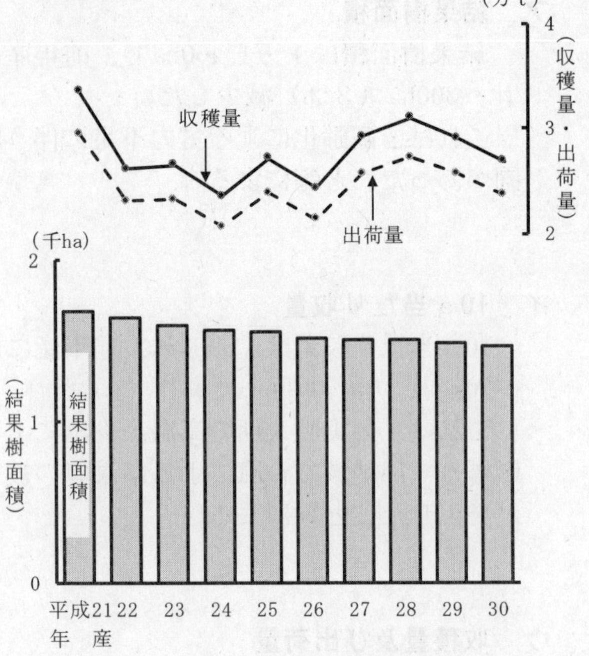

図９　西洋なしの都道府県別収穫量

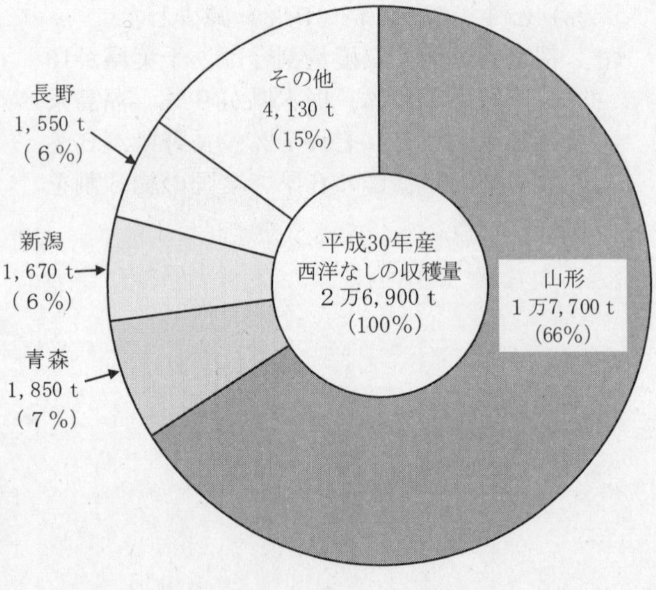

表５　平成30年産西洋なしの結果樹面積・10ａ当たり収量・収穫量・出荷量（全国）

品目	結果樹面積	10ａ当たり収量	収穫量	出荷量	対前年産比			
					結果樹面積	10ａ当たり収量	収穫量	出荷量
	ha	kg	t	t	%	%	%	%
西洋なし	1,470	1,830	26,900	23,700	99	94	92	92

(5) かき

ア 結果樹面積

結果樹面積は1万9,100haで、前年産に比べ700ha（4％）減少した。

これは、高齢化による労力不足に伴う廃園があったこと等による。

イ 10ａ当たり収量

10ａ当たり収量は1,090kgで、前年産に比べ50kg（4％）下回った。

これは、7月から8月の高温、少雨の影響で果実の肥大が抑制されたこと及び一部地域で台風による枝折れ、落果等の被害が発生したためである。

ウ 収穫量及び出荷量

収穫量は20万8,000ｔ、出荷量は17万2,200ｔで、前年産に比べそれぞれ1万6,900ｔ（8％）、1万4,200ｔ（8％）減少した。

都道府県別の収穫量割合は、和歌山県が19％、奈良県が14％、福岡県が8％、岐阜県が7％、愛知県が6％、新潟県が5％となっており、この6県で全国の約6割を占めている。

図10 かきの結果樹面積、収穫量及び出荷量の推移

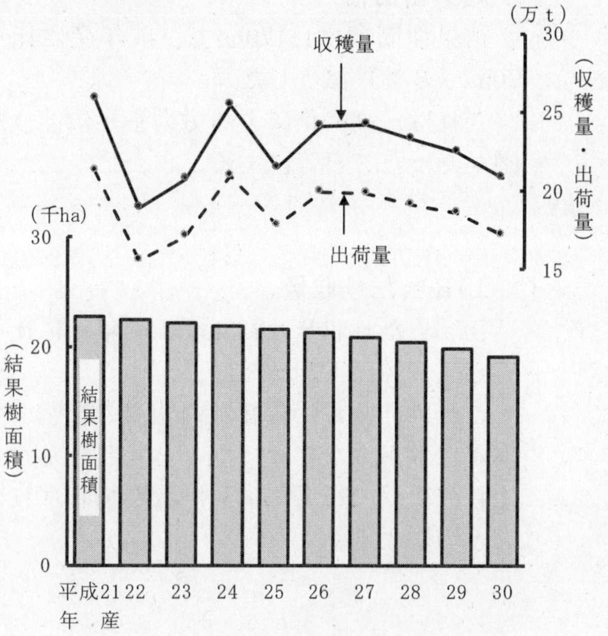

図11 かきの都道府県別収穫量

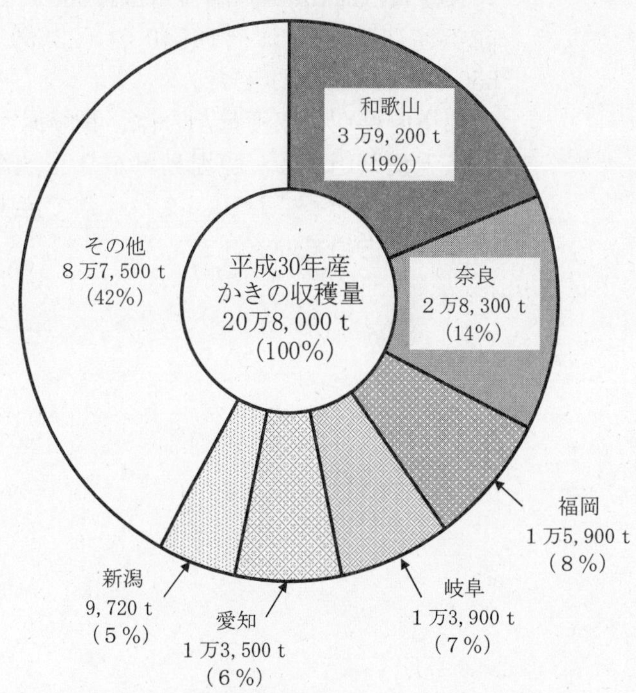

注：割合については、表示単位未満を四捨五入しているため、合計値と内訳の計が一致しない。

表6 平成30年産かきの結果樹面積・10ａ当たり収量・収穫量・出荷量（全国）

品目	結果樹面積	10ａ当たり収量	収穫量	出荷量	対前年産比			
					結果樹面積	10ａ当たり収量	収穫量	出荷量
	ha	kg	t	t	%	%	%	%
かき	19,100	1,090	208,000	172,200	96	96	92	92

(6) びわ

ア　結果樹面積

結果樹面積は1,170haで、前年産に比べ70ha（６％）減少した。

これは、高齢化による労力不足に伴う廃園があったこと等による。

イ　10ａ当たり収量

10ａ当たり収量は238kgで、前年産に比べ55kg（19％）下回った。

これは、１月から２月の低温の影響により着果数が少なくなったこと及び３月から４月の少雨の影響により肥大が抑制されたこと等による。

ウ　収穫量及び出荷量

収穫量は2,790ｔ、出荷量は2,300ｔで、前年産に比べそれぞれ840ｔ（23％）、650ｔ（22％）減少した。

都道府県別の収穫量割合は、長崎県が31％、千葉県が16％、鹿児島県が９％、香川県が８％となっており、この４県で全国の約６割を占めている。

図12　びわの結果樹面積、収穫量及び出荷量の推移

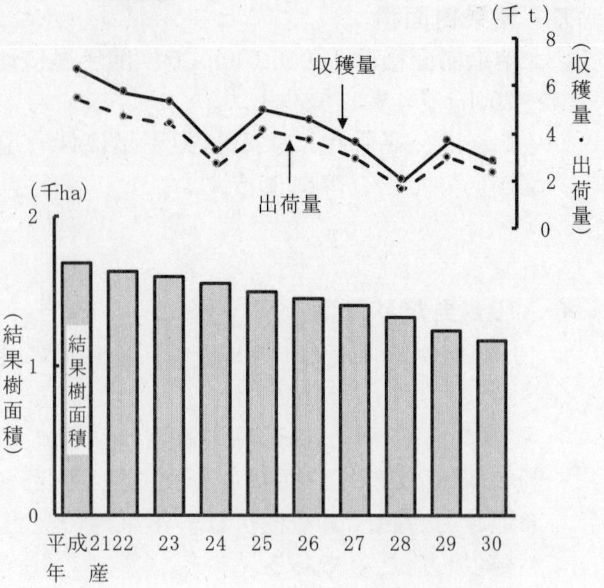

図13　びわの都道府県別収穫量

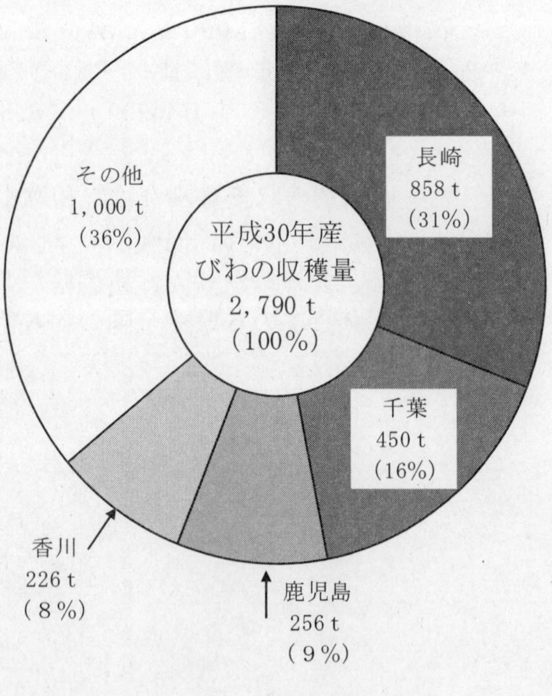

表７　平成30年産びわの結果樹面積・10ａ当たり収量・収穫量・出荷量（全国）

品目	結果樹面積	10ａ当たり収量	収穫量	出荷量	対前年産比			
					結果樹面積	10ａ当たり収量	収穫量	出荷量
	ha	kg	t	t	%	%	%	%
びわ	1,170	238	2,790	2,300	94	81	77	78

(7) もも

ア 結果樹面積

結果樹面積は9,680haで、前年産並みとなった。

イ 10a当たり収量

10a当たり収量は1,170kgで、前年産に比べ120kg（9％）下回った。

これは、果実肥大期の高温・少雨の影響により生育が抑制されたこと等による。

ウ 収穫量及び出荷量

収穫量は11万3,200t、出荷量は10万4,400tで、前年産に比べそれぞれ1万1,700t（9％）、1万700t（9％）減少した。

都道府県別の収穫量割合は、山梨県が35％、福島県が21％、長野県が12％となっており、この3県で全国の約7割を占めている。

図14 ももの結果樹面積、収穫量及び出荷量の推移

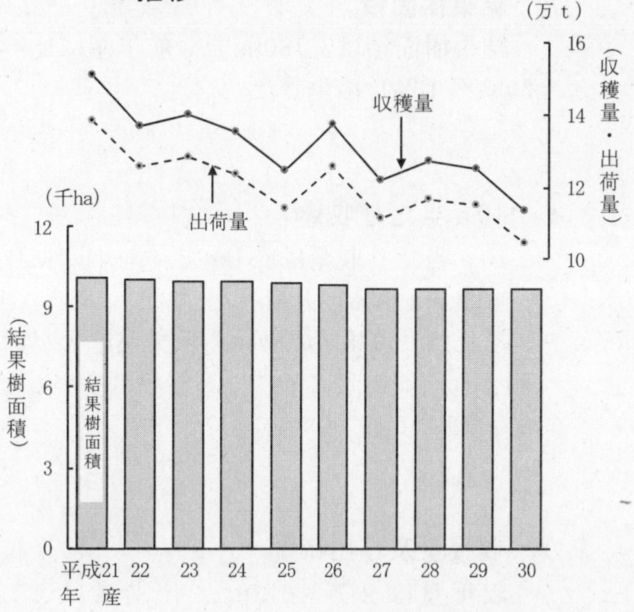

図15 ももの都道府県別収穫量

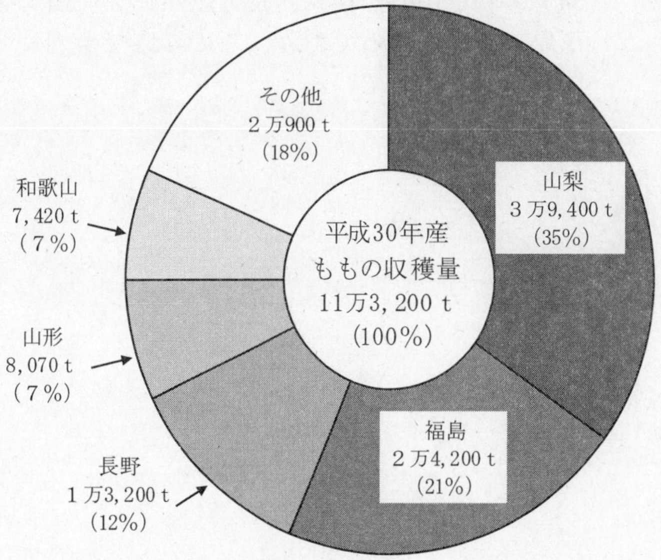

表8 平成30年産ももの結果樹面積・10a当たり収量・収穫量・出荷量（全国）

品目	結果樹面積	10a当たり収量	収穫量	出荷量	対前年産比			
					結果樹面積	10a当たり収量	収穫量	出荷量
	ha	kg	t	t	%	%	%	%
もも	9,680	1,170	113,200	104,400	100	91	91	91

(8) すもも

ア 結果樹面積

結果樹面積は2,780haで、前年産に比べ30ha（１％）減少した。

イ 10ａ当たり収量

10ａ当たり収量は831kgで、前年産に比べ133kg（19％）上回った。

これは、着果数の減少や、果実肥大が抑制された前年産に比べ、着果数が多かったこと等による。

ウ 収穫量及び出荷量

収穫量は２万3,100ｔ、出荷量は２万400ｔで、前年産に比べそれぞれ3,500ｔ（18％）、3,300ｔ（19％）増加した。

都道府県別の収穫量割合は、山梨県が34％、和歌山県が14％、長野県が13％、山形県が９％となっており、この４県で全国の約７割を占めている。

図16 すももの結果樹面積、収穫量及び出荷量の推移

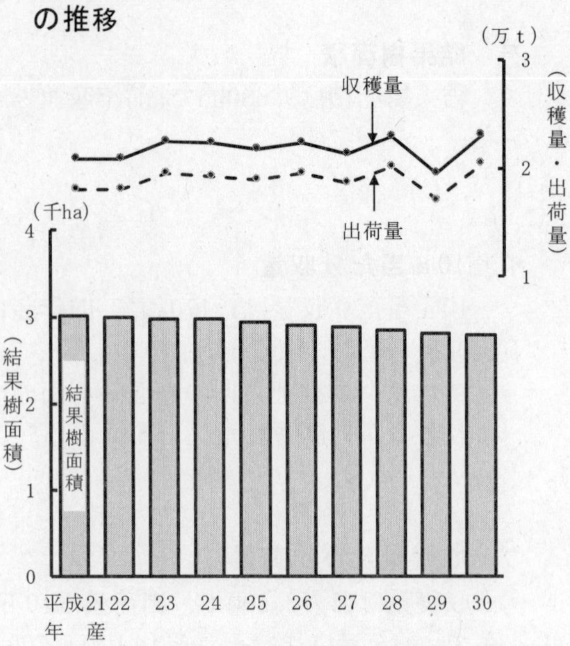

図 17 すももの都道府県別収穫量

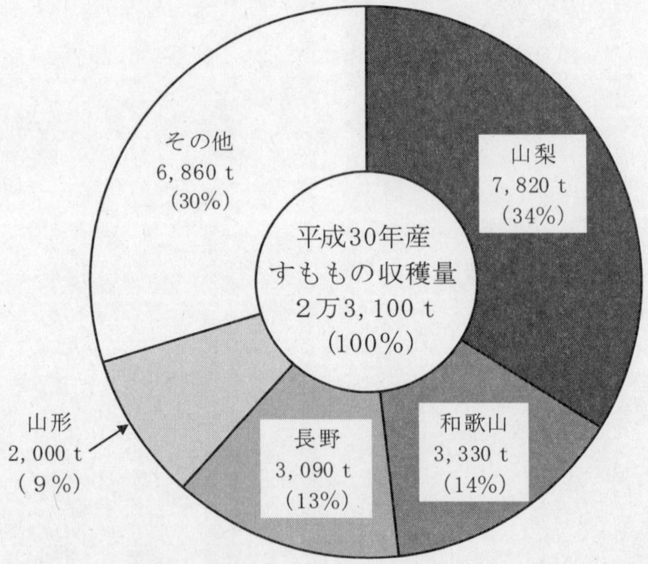

表９ 平成30年産すももの結果樹面積・10ａ当たり収量・収穫量・出荷量（全国）

品目	結果樹面積	10ａ当たり収量	収穫量	出荷量	対前年産比			
					結果樹面積	10ａ当たり収量	収穫量	出荷量
	ha	kg	t	t	%	%	%	%
すもも	2,780	831	23,100	20,400	99	119	118	119

(9) おうとう

ア　結果樹面積

結果樹面積は4,350haで、前年産並みとなった。

イ　10ａ当たり収量

10ａ当たり収量は416kgで、前年産に比べ22kg（５％）下回った。

ウ　収穫量及び出荷量

収穫量は１万8,100ｔ、出荷量は１万6,200ｔで、前年産に比べそれぞれ1,000ｔ（５％）、1,000ｔ（６％）減少した。

都道府県別の収穫量割合は、山形県が全国の約８割を占めている。

図18　おうとうの結果樹面積、収穫量及び出荷量の推移

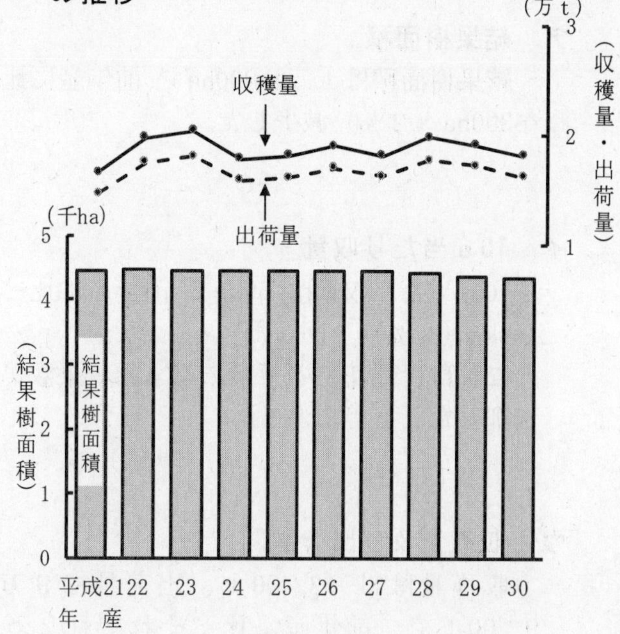

図 19　おうとうの都道府県別収穫量

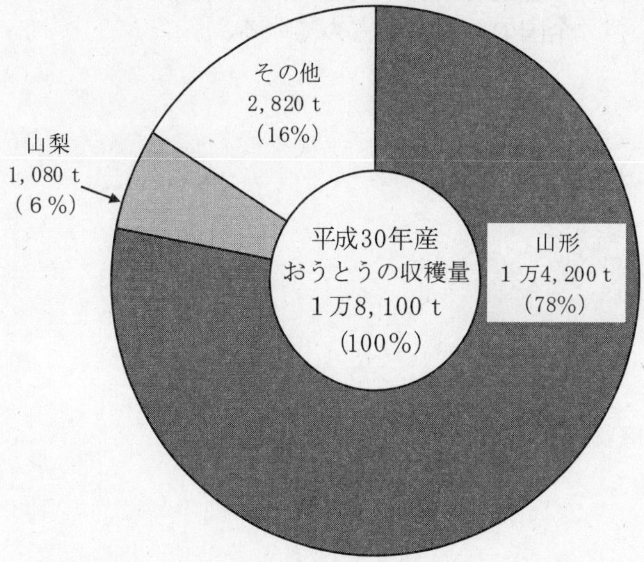

表 10　平成 30 年産おうとうの結果樹面積・10ａ当たり収量・収穫量・出荷量（全国）

品目	結果樹面積	10ａ当たり収量	収穫量	出荷量	対前年産比			
					結果樹面積	10ａ当たり収量	収穫量	出荷量
	ha	kg	t	t	%	%	%	%
おうとう	4,350	416	18,100	16,200	100	95	95	94

(10) うめ

ア　結果樹面積

結果樹面積は１万4,800haで、前年産に比べ300ha（２％）減少した。

イ　10ａ当たり収量

10ａ当たり収量は759kgで、前年産に比べ184kg（32％）上回った。

これは、開花期の天候に恵まれ着果数が増加したこと等による。

ウ　収穫量及び出荷量

収穫量は11万2,400ｔ、出荷量は９万9,200ｔで、前年産に比べそれぞれ２万5,600ｔ（29％）、２万3,600ｔ（31％）増加した。

都道府県別の収穫量割合は、和歌山県が全国の約７割を占めている。

図20　うめの結果樹面積、収穫量及び出荷量の推移

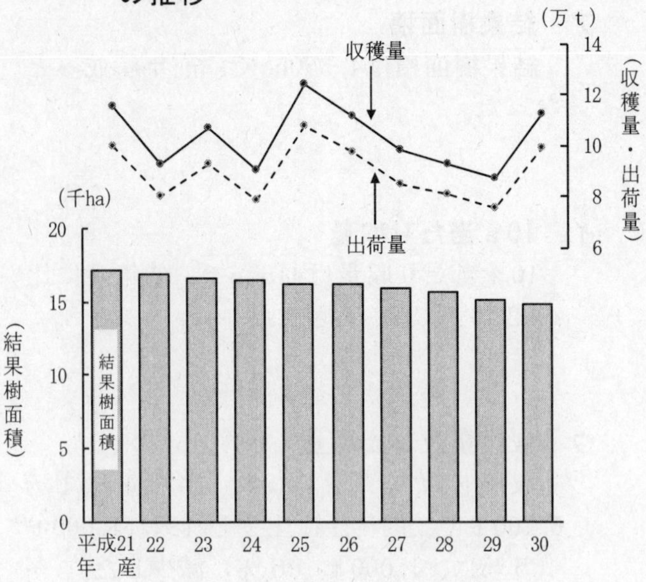

図 21　うめの都道府県別収穫量

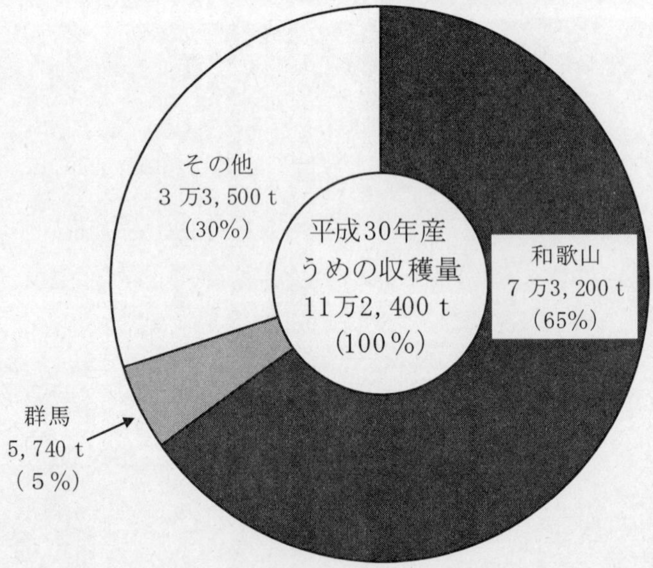

表 11　平成 30 年産うめの結果樹面積・10ａ当たり収量・収穫量・出荷量（全国）

品目	結果樹面積	10ａ当たり収量	収穫量	出荷量	対前年産比			
					結果樹面積	10ａ当たり収量	収穫量	出荷量
	ha	kg	t	t	%	%	%	%
うめ	14,800	759	112,400	99,200	98	132	129	131

(11) ぶどう

ア 結果樹面積

結果樹面積は１万6,700haで、前年産に比べ200ha（１％）減少した。

イ 10ａ当たり収量

10ａ当たり収量は1,050kgで、前年産に比べ10kg（１％）上回った。

ウ 収穫量及び出荷量

収穫量は17万4,700ｔで前年産に比べ1,400ｔ（１％）減少、出荷量は16万1,500ｔで、前年産並みとなった。

都道府県別の収穫量割合は、山梨県が24％、長野県が18％、山形県及び岡山県が９％となっており、この４県で全国の約６割を占めている。

図22　ぶどうの結果樹面積、収穫量及び出荷量の推移

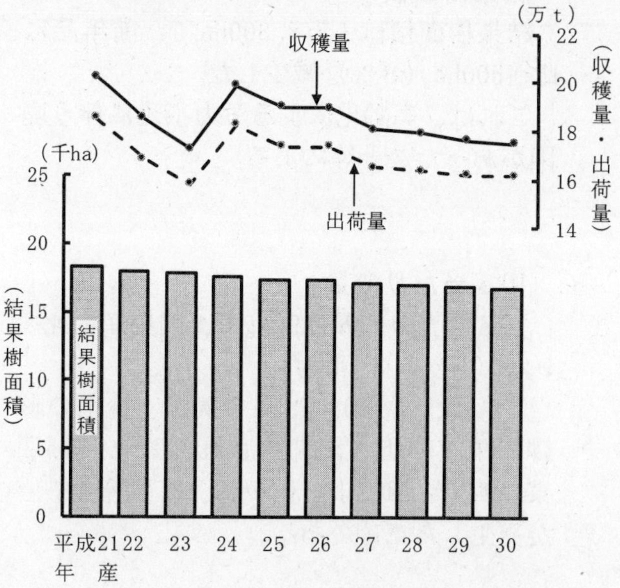

図 23　ぶどうの都道府県別収穫量

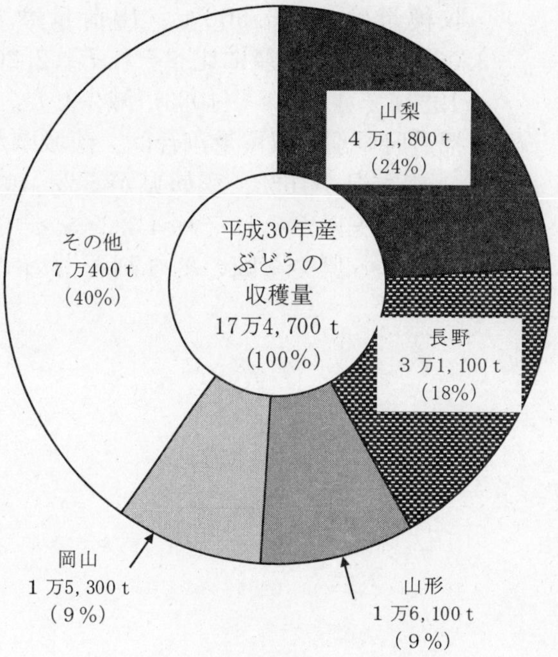

表 12　平成 30 年産ぶどうの結果樹面積・10ａ当たり収量・収穫量・出荷量（全国）

品目	結果樹面積	10ａ当たり収量	収穫量	出荷量	対前年産比			
					結果樹面積	10ａ当たり収量	収穫量	出荷量
	ha	kg	t	t	%	%	%	%
ぶどう	16,700	1,050	174,700	161,500	99	101	99	100

(12) くり

ア　結果樹面積

結果樹面積は１万8,300haで、前年産に比べ500ha（３%）減少した。

これは、高齢化による労力不足に伴う廃園があったこと等による。

イ　10ａ当たり収量

10ａ当たり収量は90kgで、前年産に比べ9kg（９%）下回った。

これは、７月から８月の高温、少雨の影響で果実の肥大が抑制されたこと及び関東以西で台風による枝折れ、落果等の被害が発生したためである。

ウ　収穫量及び出荷量

収穫量は１万6,500ｔ、出荷量は１万3,000ｔで、前年産に比べそれぞれ2,200ｔ（12%）、1,500ｔ（10%）減少した。

都道府県別の収穫量割合は、茨城県が27%、熊本県が16%、愛媛県が５%、岐阜県及び埼玉県がそれぞれ４%となっており、この５県で全国の約６割を占めている。

図24　くりの結果樹面積、収穫量及び出荷量の推移

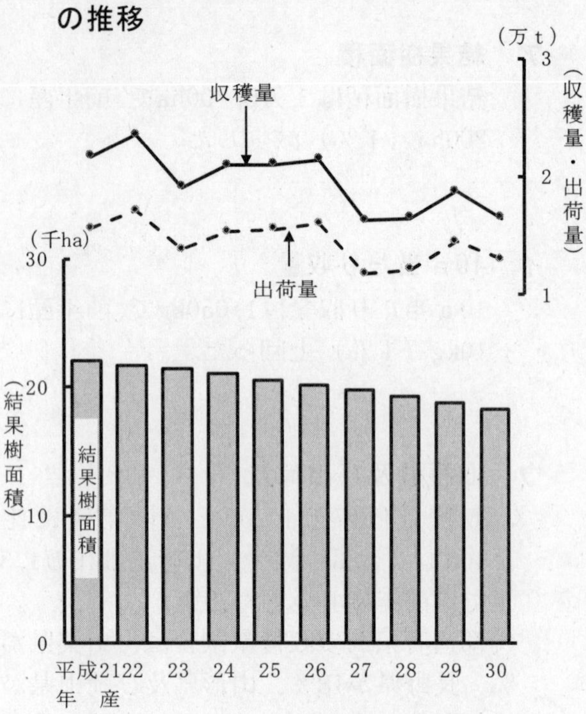

図 25　くりの都道府県別収穫量

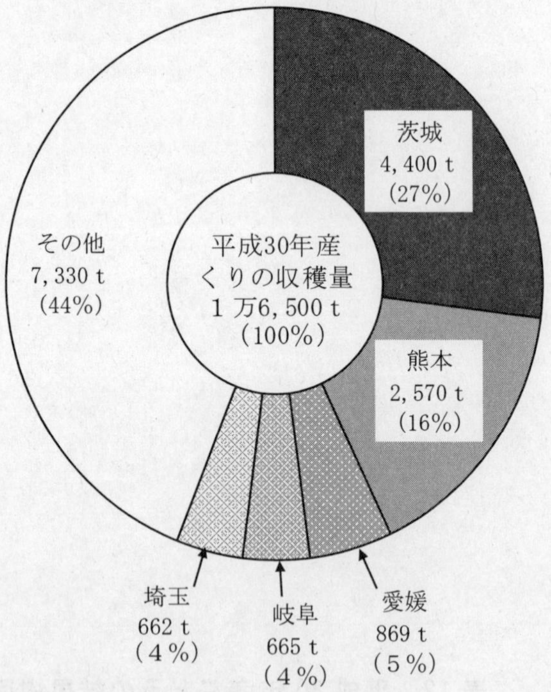

表 13　平成 30 年産くりの結果樹面積・10ａ当たり収量・収穫量・出荷量（全国）

品目	結果樹面積	10ａ当たり収量	収穫量	出荷量	対前年産比			
					結果樹面積	10ａ当たり収量	収穫量	出荷量
	ha	kg	t	t	%	%	%	%
くり	18,300	90	16,500	13,000	97	91	88	90

(13)　パインアップル（沖縄県）

ア　収穫面積

収穫面積は319haで、前年産並みとなった。

イ　10ａ当たり収量

10ａ当たり収量は2,300kgで、作柄の良かった前年産に比べ380kg（14％）下回った。

これは、少雨による茎葉の生育不良や果実肥大の抑制があったことに加え、収穫期の台風による被害が発生したためである。

ウ　収穫量及び出荷量

収穫量は7,340ｔ、出荷量は7,160ｔで、前年産に比べそれぞれ1,160ｔ（14％）、1,150ｔ（14％）減少した。

出荷量を用途別にみると、生食向けは4,780ｔ（67％）、加工向けは2,380ｔ（33％）となっている。

図26　パインアップルの収穫面積、収穫量及び出荷量の推移（沖縄県）

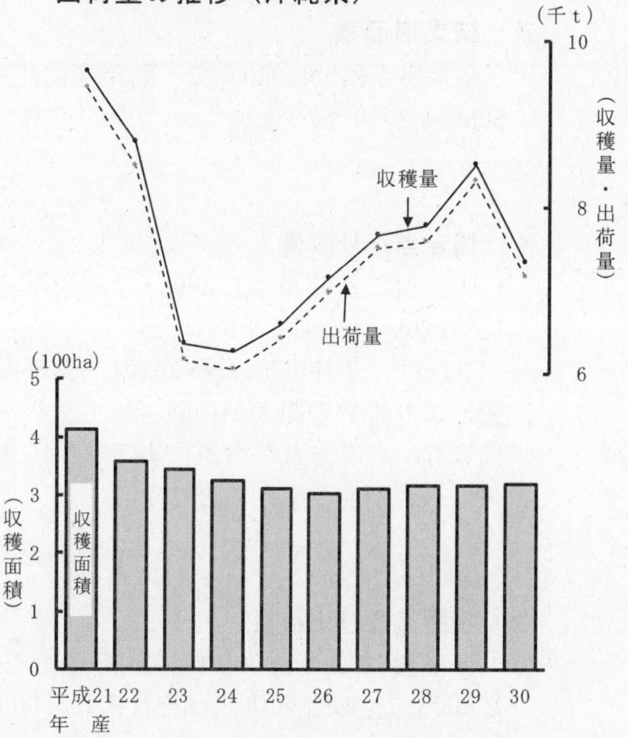

図 27　パインアップルの用途別出荷量（沖縄県）

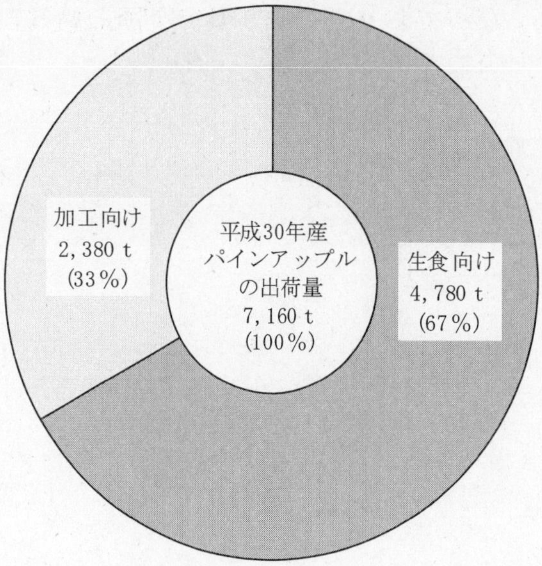

表 14　平成 30 年産パインアップルの収穫面積・10ａ当たり収量・収穫量・出荷量（沖縄県）

品目	収穫面積	10ａ当たり収量	収穫量	出荷量	対前年産比			
					収穫面積	10ａ当たり収量	収穫量	出荷量
	ha	kg	t	t	%	%	%	%
パインアップル	319	2,300	7,340	7,160	101	86	86	86

(14) キウイフルーツ

ア 結果樹面積

結果樹面積は1,950haで、前年産に比べ50ha（２％）減少した。

イ 10ａ当たり収量

10ａ当たり収量は1,280kgで、前年産に比べ220kg（15％）下回った。

これは、７月中旬以降の高温、少雨の影響により果実の肥大が抑制されて、小玉傾向になったこと及び台風による落果、傷果等の被害が発生したことによる。

ウ 収穫量及び出荷量

収穫量は２万5,000ｔ、出荷量は２万1,800ｔで、前年産に比べそれぞれ5,000ｔ（17％）、4,400ｔ（17％）減少した。

都道府県別の収穫量割合は、愛媛県が21％、福岡県が18％、和歌山県が12％となっており、この３県で全国の約５割を占めている。

図28 キウイフルーツの結果樹面積、収穫量及び出荷量の推移

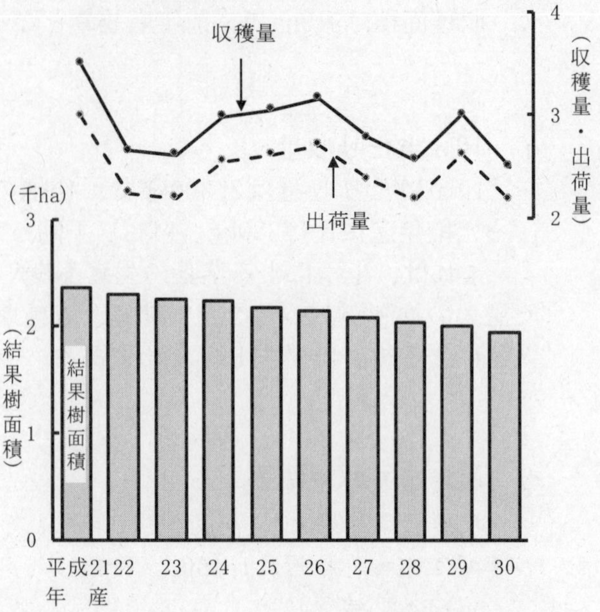

図29 キウイフルーツの都道府県別収穫量

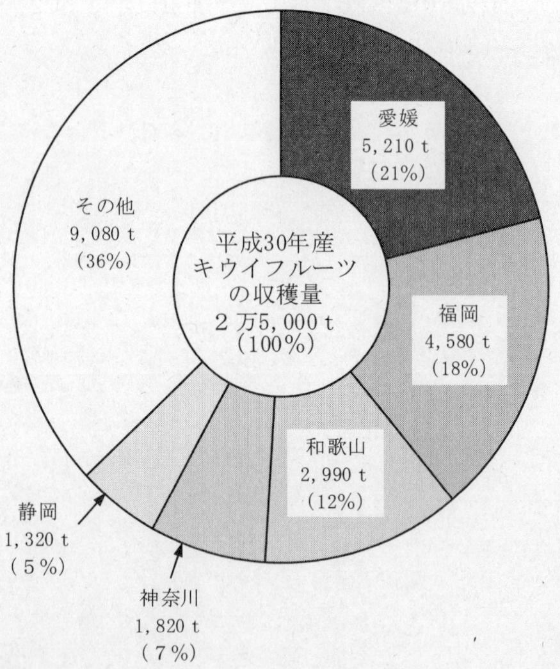

注：　割合については、表示単位未満を四捨五入しているため、合計値と内訳の計が一致しない。

表15 平成30年産キウイフルーツの結果樹面積・10ａ当たり収量・収穫量・出荷量（全国）

品目	結果樹面積	10ａ当たり収量	収穫量	出荷量	対前年産比			
					結果樹面積	10ａ当たり収量	収穫量	出荷量
	ha	kg	t	t	%	%	%	%
キウイフルーツ	1,950	1,280	25,000	21,800	98	85	83	83

Ⅱ　統　計　表

1 全国の結果樹面積・10a当たり収量・収穫量・出荷量の推移

(1) 結果樹面積

品目・品種		平成21年産	22	23	24	25
計	(1)	**203,900**	**200,500**	**197,900**	**195,200**	**192,500**
みかん	(2)	47,000	46,100	45,300	44,600	43,700
早生温州	(3)	26,700	26,300	25,700	25,300	24,800
うち極早生みかん	(4)	8,720	8,490	8,260	8,120	7,860
ハウスみかん	(5)	612	603	584	536	513
普通温州	(6)	20,200	19,900	19,600	19,300	18,900
りんご	(7)	38,800	38,100	37,800	37,400	37,200
うちふじ	(8)	20,100	19,900	19,700	19,500	19,400
つがる	(9)	5,250	5,190	5,080	4,990	4,950
ジョナゴールド	(10)	3,170	3,030	2,870	2,800	2,700
王林	(11)	3,430	3,300	3,200	3,130	3,010
日本なし	(12)	14,200	13,900	13,700	13,300	13,000
西洋なし	(13)	1,680	1,640	1,590	1,570	1,560
かき	(14)	22,700	22,400	22,100	21,900	21,600
びわ	(15)	1,680	1,630	1,600	1,550	1,490
もも	(16)	10,100	10,000	9,980	9,950	9,890
すもも	(17)	3,010	2,990	2,970	2,970	2,940
おうとう	(18)	4,450	4,470	4,440	4,440	4,460
うめ	(19)	17,100	16,900	16,600	16,400	16,200
ぶどう	(20)	18,300	18,000	17,800	17,600	17,400
くり	(21)	22,100	21,700	21,400	21,000	20,600
1)2) パインアップル	(22)	413	357	345	326	311
キウイフルーツ	(23)	2,370	2,300	2,250	2,240	2,170

注：この表は、調査した果樹とその品種（みかん及びりんご）について、年産別に取りまとめたものである（以下(4)まで同じ。）。
1)は、沖縄県のみの数値である。
2)は、収穫面積である。

(2) 10a当たり収量

品目・品種		平成21年産	22	23	24	25
みかん	(1)	2,130	1,700	2,050	1,900	2,050
早生温州	(2)	2,180	1,770	2,130	1,950	2,090
うち極早生みかん	(3)	1,990	1,640	1,830	1,830	1,960
ハウスみかん	(4)	4,800	4,710	4,900	4,850	4,810
普通温州	(5)	2,080	1,600	1,950	1,820	2,000
りんご	(6)	2,180	2,060	1,730	2,120	1,990
うちふじ	(7)	2,370	2,210	1,790	2,220	2,040
つがる	(8)	1,840	1,630	1,660	1,730	1,730
ジョナゴールド	(9)	2,150	2,000	1,740	2,090	1,900
王林	(10)	1,950	2,100	1,600	2,090	1,980
日本なし	(11)	2,240	1,860	2,090	2,070	2,060
西洋なし	(12)	2,000	1,600	1,670	1,500	1,740
かき	(13)	1,140	846	939	1,160	994
びわ	(14)	396	350	331	209	333
もも	(15)	1,490	1,370	1,400	1,360	1,260
すもも	(16)	694	699	758	751	741
おうとう	(17)	373	441	459	401	406
うめ	(18)	674	547	644	549	764
ぶどう	(19)	1,100	1,030	970	1,130	1,090
くり	(20)	98	108	89	100	102
1) パインアップル	(21)	2,330	2,460	1,840	1,920	2,120
キウイフルーツ	(22)	1,480	1,150	1,160	1,330	1,400

注：1)は(1)の統計表の脚注参照。

単位：ha

26	27	28	29	30	
190,400	187,500	184,900	181,300	177,800	(1)
42,900	42,200	41,500	40,600	39,600	(2)
24,400	23,900	23,400	22,800	22,200	(3)
7,720	7,410	7,130	6,830	6,550	(4)
483	457	435	415	403	(5)
18,600	18,300	18,100	17,800	17,400	(6)
37,100	37,000	36,800	36,500	36,200	(7)
19,300	19,100	19,000	18,800	18,600	(8)
4,880	4,820	4,750	4,640	4,540	(9)
2,660	2,620	2,590	2,550	2,500	(10)
2,980	2,930	2,870	2,830	2,770	(11)
12,800	12,400	12,100	11,700	11,400	(12)
1,520	1,510	1,510	1,490	1,470	(13)
21,300	20,800	20,400	19,800	19,100	(14)
1,450	1,400	1,330	1,240	1,170	(15)
9,850	9,690	9,710	9,700	9,680	(16)
2,900	2,880	2,840	2,810	2,780	(17)
4,460	4,440	4,420	4,360	4,350	(18)
16,200	15,900	15,600	15,100	14,800	(19)
17,300	17,100	17,000	16,900	16,700	(20)
20,200	19,800	19,300	18,800	18,300	(21)
302	310	316	317	319	(22)
2,150	2,090	2,040	2,000	1,950	(23)

単位：ha

26	27	28	29	30	
2,040	1,840	1,940	1,830	1,950	(1)
2,110	1,930	1,950	1,960	1,990	(2)
2,040	1,890	1,770	1,910	1,840	(3)
4,890	4,810	4,850	4,870	4,990	(4)
1,940	1,730	1,930	1,660	1,900	(5)
2,200	2,190	2,080	2,010	2,090	(6)
2,260	2,250	2,140	2,000	2,170	(7)
1,880	1,860	1,690	1,800	1,730	(8)
2,130	2,150	2,110	2,020	1,960	(9)
2,020	2,100	1,960	2,010	1,890	(10)
2,110	1,990	2,040	2,100	2,030	(11)
1,610	1,930	2,050	1,950	1,830	(12)
1,130	1,160	1,140	1,140	1,090	(13)
311	255	150	293	238	(14)
1,390	1,260	1,310	1,290	1,170	(15)
769	740	810	698	831	(16)
426	408	448	438	416	(17)
688	616	594	575	759	(18)
1,090	1,060	1,050	1,040	1,050	(19)
106	82	85	99	90	(20)
2,360	2,470	2,460	2,680	2,300	(21)
1,470	1,330	1,250	1,500	1,280	(22)

1　全国の結果樹面積・10ａ当たり収量・収穫量・出荷量の推移（続き）

(3)　収穫量

品目・品種		平成21年産	22	23	24	25
計	(1)	3,037,000	2,566,000	2,623,000	2,717,000	2,688,000
みかん	(2)	1,003,000	786,000	928,200	846,300	895,900
早生温州	(3)	581,700	466,700	546,800	494,100	517,500
うち極早生みかん	(4)	173,100	139,100	151,400	149,000	153,900
ハウスみかん	(5)	29,400	28,400	28,600	26,000	24,700
普通温州	(6)	421,000	319,300	381,400	352,200	378,400
りんご	(7)	845,600	786,500	655,300	793,800	741,700
うちふじ	(8)	475,700	440,100	351,800	432,100	396,600
つがる	(9)	96,700	84,400	84,300	86,200	85,600
ジョナゴールド	(10)	68,100	60,600	49,800	58,500	51,400
王林	(11)	67,000	69,200	51,100	65,300	59,600
日本なし	(12)	317,900	258,700	286,200	275,400	267,200
西洋なし	(13)	33,600	26,200	26,600	23,600	27,200
かき	(14)	258,000	189,400	207,500	253,800	214,700
びわ	(15)	6,650	5,700	5,300	3,240	4,960
もも	(16)	150,700	136,700	139,800	135,200	124,700
すもも	(17)	20,900	20,900	22,500	22,300	21,800
おうとう	(18)	16,600	19,700	20,400	17,800	18,100
うめ	(19)	115,200	92,400	106,900	90,000	123,700
ぶどう	(20)	202,200	184,800	172,600	198,300	189,700
くり	(21)	21,700	23,500	19,100	20,900	21,000
1) パインアップル	(22)	9,620	8,780	6,350	6,260	6,590
キウイフルーツ	(23)	35,000	26,500	26,100	29,800	30,400

注：1)は(1)の統計表の脚注参照。

(4)　出荷量

品目・品種		平成21年産	22	23	24	25
計	(1)	2,695,000	2,277,000	2,331,000	2,417,000	2,395,000
みかん	(2)	893,400	700,100	828,600	757,300	804,400
早生温州	(3)	524,900	421,400	494,600	447,600	470,700
うち極早生みかん	(4)	157,600	126,200	137,700	135,700	140,300
ハウスみかん	(5)	28,100	27,300	27,300	24,800	23,500
普通温州	(6)	368,300	278,700	334,100	309,800	333,700
りんご	(7)	751,200	697,800	582,000	708,400	660,700
うちふじ	(8)	420,800	388,500	311,600	385,000	356,500
つがる	(9)	86,100	74,800	74,600	76,600	75,500
ジョナゴールド	(10)	60,200	54,300	44,700	52,600	47,100
王林	(11)	59,600	61,900	45,700	58,900	54,000
日本なし	(12)	292,700	238,800	264,000	252,800	246,400
西洋なし	(13)	29,600	23,200	23,300	20,700	23,900
かき	(14)	212,100	155,100	170,300	209,300	177,400
びわ	(15)	5,410	4,680	4,350	2,660	4,110
もも	(16)	138,300	125,700	128,100	123,700	114,100
すもも	(17)	18,100	18,100	19,600	19,300	18,900
おうとう	(18)	14,700	17,500	18,000	15,900	16,100
うめ	(19)	99,700	79,700	92,700	78,100	107,400
ぶどう	(20)	184,800	168,500	157,800	182,100	173,600
くり	(21)	15,600	17,100	13,800	15,300	15,500
1) パインアップル	(22)	9,430	8,490	6,160	6,050	6,410
キウイフルーツ	(23)	29,900	22,400	21,900	25,500	26,100

注：1)は(1)の統計表の脚注参照。

単位： t

26	27	28	29	30	
2, 770, 000	2, 603, 000	2, 575, 000	2, 463, 000	2, 490, 000	(1)
874, 700	777, 800	805, 100	741, 300	773, 700	(2)
514, 700	462, 100	456, 200	445, 800	442, 600	(3)
157, 200	140, 100	126, 100	130, 600	120, 200	(4)
23, 600	22, 000	21, 100	20, 200	20, 100	(5)
360, 000	315, 700	348, 900	295, 500	331, 100	(6)
816, 300	811, 500	765, 000	735, 200	756, 100	(7)
436, 300	430, 600	406, 600	376, 800	403, 000	(8)
91, 700	89, 700	80, 200	83, 600	78, 600	(9)
56, 600	56, 300	54, 700	51, 400	49, 000	(10)
60, 300	61, 400	56, 200	57, 000	52, 300	(11)
270, 700	247, 300	247, 100	245, 400	231, 800	(12)
24, 400	29, 200	31, 000	29, 100	26, 900	(13)
240, 600	242, 000	232, 900	224, 900	208, 000	(14)
4, 510	3, 570	2, 000	3, 630	2, 790	(15)
137, 000	121, 900	127, 300	124, 900	113, 200	(16)
22, 300	21, 300	23, 000	19, 600	23, 100	(17)
19, 000	18, 100	19, 800	19, 100	18, 100	(18)
111, 400	97, 900	92, 700	86, 800	112, 400	(19)
189, 200	180, 500	179, 200	176, 100	174, 700	(20)
21, 400	16, 300	16, 500	18, 700	16, 500	(21)
7, 130	7, 660	7, 770	8, 500	7, 340	(22)
31, 600	27, 800	25, 600	30, 000	25, 000	(23)

単位： t

26	27	28	29	30	
2, 469, 000	2, 306, 000	2, 291, 000	2, 195, 000	2, 227, 000	(1)
782, 000	683, 900	717, 500	661, 300	691, 200	(2)
466, 200	415, 800	411, 800	403, 200	400, 600	(3)
142, 900	126, 900	114, 600	119, 100	109, 600	(4)
22, 300	20, 900	20, 000	19, 200	19, 200	(5)
315, 800	268, 100	305, 700	258, 000	290, 600	(6)
730, 800	727, 700	684, 900	655, 800	679, 600	(7)
393, 100	387, 500	364, 900	336, 500	364, 000	(8)
81, 000	79, 300	70, 800	73, 600	70, 100	(9)
51, 600	51, 200	49, 700	46, 700	44, 400	(10)
54, 200	54, 800	50, 400	51, 300	47, 200	(11)
249, 700	227, 700	227, 600	226, 600	214, 300	(12)
21, 400	25, 700	27, 300	25, 700	23, 700	(13)
198, 900	198, 600	191, 500	186, 400	172, 200	(14)
3, 660	2, 900	1, 620	2, 950	2, 300	(15)
125, 400	111, 400	116, 600	115, 100	104, 400	(16)
19, 600	18, 600	20, 100	17, 100	20, 400	(17)
17, 000	16, 300	17, 700	17, 200	16, 200	(18)
97, 100	85, 000	80, 800	75, 600	99, 200	(19)
173, 400	165, 200	163, 800	161, 900	161, 500	(20)
16, 000	11, 800	12, 100	14, 500	13, 000	(21)
6, 960	7, 500	7, 580	8, 310	7, 160	(22)
27, 100	23, 800	21, 800	26, 200	21, 800	(23)

2　平成30年産全国の結果樹面積・10a当たり収量・収穫量・出荷量の総括表

品目・品種		結果樹面積	10a当たり収量	収穫量
		ha	kg	t
計	(1)	177,800	…	2,490,000
みかん	(2)	39,600	1,950	773,700
早生温州	(3)	22,200	1,990	442,600
うち 極早生みかん	(4)	6,550	1,840	120,200
ハウスみかん	(5)	403	4,990	20,100
普通温州	(6)	17,400	1,900	331,100
りんご	(7)	36,200	2,090	756,100
うち ふじ	(8)	18,600	2,170	403,000
つがる	(9)	4,540	1,730	78,600
ジョナゴールド	(10)	2,500	1,960	49,000
王林	(11)	2,770	1,890	52,300
日本なし	(12)	11,400	2,030	231,800
西洋なし	(13)	1,470	1,830	26,900
かき	(14)	19,100	1,090	208,000
びわ	(15)	1,170	238	2,790
もも	(16)	9,680	1,170	113,200
すもも	(17)	2,780	831	23,100
おうとう	(18)	4,350	416	18,100
うめ	(19)	14,800	759	112,400
ぶどう	(20)	16,700	1,050	174,700
くり	(21)	18,300	90	16,500
1) パインアップル	(22)	319	2,300	7,340
キウイフルーツ	(23)	1,950	1,280	25,000

注：　1)は、沖縄県のみの数値である。また、結果樹面積は収穫面積である。
　　　2)のみかんは、果実数が多くなる年（表年）と少なくなる年（裏年）とが交互に発生する傾向があることから、統計表の対比については前の裏年（平成28年産）と行った（みかんの各品種についても同様。）。

出荷量	2) 対前年産比				
	結果樹面積	10 a 当たり収量	収穫量	出荷量	
t	%	%	%	%	
2,227,000	**98**	**nc**	**101**	**101**	(1)
691,200	95	101	96	96	(2)
400,600	95	102	97	97	(3)
109,600	92	104	95	96	(4)
19,200	93	103	95	96	(5)
290,600	96	98	95	95	(6)
679,600	99	104	103	104	(7)
364,000	99	109	107	108	(8)
70,100	98	96	94	95	(9)
44,400	98	97	95	95	(10)
47,200	98	94	92	92	(11)
214,300	97	97	94	95	(12)
23,700	99	94	92	92	(13)
172,200	96	96	92	92	(14)
2,300	94	81	77	78	(15)
104,400	100	91	91	91	(16)
20,400	99	119	118	119	(17)
16,200	100	95	95	94	(18)
99,200	98	132	129	131	(19)
161,500	99	101	99	100	(20)
13,000	97	91	88	90	(21)
7,160	101	86	86	86	(22)
21,800	98	85	83	83	(23)

3　平成30年産都道府県別の結果樹面積・10a当たり収量・収穫量・出荷量

(1)　みかん

ア　計

全国・都道府県	結果樹面積	10a当たり収量	収穫量	出荷量	対29年産比	対28年産比			
					結果樹面積	結果樹面積	10a当たり収量	収穫量	出荷量
	ha	kg	t	t	%	%	%	%	%
全国	**39,600**	**1,950**	**773,700**	**691,200**	**98**	**95**	**101**	**96**	**96**
うち千葉	100	1,260	1,260	919	100	100	111	111	121
神奈川	1,130	1,520	17,200	14,500	98	95	90	86	91
静岡	5,110	2,240	114,500	100,500	99	97	97	94	94
愛知	1,240	2,370	29,400	25,500	99	97	100	96	95
三重	1,080	1,660	17,900	15,900	96	92	98	90	90
大阪	704	1,800	12,700	11,400	99	98	97	95	95
兵庫	164	1,170	1,920	1,550	99	98	97	95	111
和歌山	7,010	2,220	155,600	140,700	99	98	99	97	96
広島	1,910	1,240	23,700	20,100	99	96	102	98	101
山口	700	1,010	7,070	6,090	97	96	90	86	85
徳島	774	1,640	12,700	11,200	96	94	105	98	99
香川	1,050	1,200	12,600	11,300	95	94	103	97	96
愛媛	5,590	2,030	113,500	103,400	96	95	94	89	90
高知	327	2,070	6,770	6,210	99	97	100	96	98
福岡	1,200	1,680	20,200	18,800	95	92	108	100	99
佐賀	2,120	2,290	48,500	44,500	95	89	111	99	99
長崎	2,890	1,720	49,700	44,300	96	94	106	99	99
熊本	3,830	2,360	90,400	82,800	97	95	113	108	107
大分	690	1,870	12,900	10,200	97	96	95	91	91
宮崎	637	1,570	10,000	8,690	98	98	101	99	100
鹿児島	912	1,230	11,200	9,310	99	98	104	103	103

注：　みかんは、果実数が多くなる年（表年）と少なくなる年（裏年）とが交互に発生する傾向があることから、統計結果の対比については、結果樹面積は前年産（平成29年産）及び前々年産（平成28年産）と、10a当たり収量、収穫量及び出荷量は前々年産（平成28年産）と行った。

イ　早生温州

全国・都道府県	結果樹面積	10a当たり収量	収穫量	出荷量	対29年産比	対28年産比			
					結果樹面積	結果樹面積	10a当たり収量	収穫量	出荷量
	ha	kg	t	t	%	%	%	%	%
全国	**22,200**	**1,990**	**442,600**	**400,600**	**97**	**95**	**102**	**97**	**97**
うち千葉	54	1,320	713	508	100	100	123	123	145
神奈川	217	1,500	3,260	2,930	99	98	76	75	76
静岡	1,320	2,420	31,900	28,400	98	95	98	93	93
愛知	809	2,570	20,800	18,300	98	96	95	91	91
三重	794	1,730	13,700	12,300	97	92	100	92	92
大阪	507	1,810	9,180	8,320	99	98	97	95	95
兵庫	87	1,240	1,080	865	100	100	96	96	118
和歌山	4,140	2,330	96,500	87,500	99	98	102	100	99
広島	1,110	1,120	12,400	10,400	99	97	93	91	90
山口	195	1,010	1,970	1,640	92	92	86	80	75
徳島	264	2,200	5,810	5,260	100	98	100	98	99
香川	597	1,250	7,460	6,720	96	93	104	97	97
愛媛	3,290	2,070	68,100	63,600	97	95	93	89	90
高知	276	2,160	5,960	5,480	99	96	101	97	99
福岡	927	1,550	14,400	13,600	95	92	107	99	99
佐賀	1,410	2,320	32,700	30,400	93	87	113	98	99
長崎	1,610	1,700	27,400	24,400	97	94	106	100	100
熊本	2,570	2,370	60,900	56,000	97	93	120	112	112
大分	351	1,920	6,740	5,640	97	95	92	88	87
宮崎	584	1,580	9,230	8,090	97	97	102	99	101
鹿児島	820	1,270	10,400	8,630	100	99	106	104	104

ウ　早生温州のうち極早生みかん

全国・都道府県	結果樹面積	10a当たり収量	収穫量	出荷量	対29年産比 結果樹面積	対28年産比 結果樹面積	対28年産比 10a当たり収量	対28年産比 収穫量	対28年産比 出荷量
	ha	kg	t	t	%	%	%	%	%
全国	**6,550**	**1,840**	**120,200**	**109,600**	**96**	**92**	**104**	**95**	**96**
うち千葉	–	–	–	–	nc	nc	nc	nc	nc
神奈川	25	1,130	283	250	96	96	68	66	68
静岡	210	2,060	4,330	3,910	99	98	102	101	100
愛知	13	2,220	289	260	100	100	70	70	69
三重	362	1,830	6,620	6,050	97	92	99	91	91
大阪	9	1,830	165	143	100	100	97	98	98
兵庫	2	1,620	32	32	100	200	80	229	246
和歌山	910	2,300	20,900	19,300	98	95	103	97	97
広島	299	1,070	3,200	2,790	99	101	82	83	83
山口	3	1,360	41	38	100	100	105	105	112
徳島	–	–	–	–	nc	nc	nc	nc	nc
香川	187	1,300	2,430	2,190	92	89	114	102	102
愛媛	920	1,710	15,700	14,700	97	93	82	76	77
高知	–	–	–	–	nc	nc	nc	nc	nc
福岡	309	1,660	5,130	4,860	95	91	115	105	105
佐賀	841	1,850	15,600	14,500	92	84	123	104	105
長崎	572	1,750	10,000	8,830	94	88	114	101	101
熊本	893	2,430	21,700	19,900	95	88	114	101	102
大分	138	1,650	2,280	2,060	95	95	98	92	92
宮崎	390	1,520	5,930	5,250	97	97	100	97	97
鹿児島	423	1,250	5,290	4,300	100	99	109	108	108

エ　早生温州のうちハウスみかん

全国・都道府県	結果樹面積	10a当たり収量	収穫量	出荷量	対29年産比 結果樹面積	対28年産比 結果樹面積	対28年産比 10a当たり収量	対28年産比 収穫量	対28年産比 出荷量
	ha	kg	t	t	%	%	%	%	%
全国	**403**	**4,990**	**20,100**	**19,200**	**97**	**93**	**103**	**95**	**96**
うち千葉	1	3,700	37	35	100	100	99	100	100
神奈川	5	4,270	214	208	100	100	99	100	99
静岡	19	4,140	787	751	95	95	97	92	92
愛知	86	5,160	4,440	4,120	100	99	100	99	100
三重	6	4,250	255	243	100	100	100	100	100
大阪	–	–	–	–	nc	nc	nc	nc	nc
兵庫	0	5,200	21	21	x	x	x	x	x
和歌山	15	4,440	666	637	94	88	99	87	87
広島	x	x	x	x	x	x	x	x	x
山口	–	–	–	–	nc	nc	nc	nc	nc
徳島	16	5,330	853	810	94	94	112	106	105
香川	3	3,420	96	87	100	100	95	89	90
愛媛	26	4,070	1,060	1,010	100	100	102	102	101
高知	21	5,580	1,170	1,140	95	88	103	90	90
福岡	3	5,330	144	137	100	100	99	89	90
佐賀	125	5,490	6,860	6,610	98	96	107	103	104
長崎	16	4,230	677	644	94	84	105	89	89
熊本	16	5,060	810	759	73	55	98	54	55
大分	31	4,830	1,500	1,430	100	97	96	93	93
宮崎	6	4,150	249	237	120	120	100	120	118
鹿児島	8	3,780	302	276	100	80	108	87	85

3　平成30年産都道府県別の結果樹面積・10a当たり収量・収穫量・出荷量（続き）

(1)　みかん（続き）

オ　普通温州

全国・都道府県	結果樹面積	10a当たり収量	収穫量	出荷量	対29年産比 結果樹面積	対28年産比 結果樹面積	対28年産比 10a当たり収量	対28年産比 収穫量	対28年産比 出荷量
	ha	kg	t	t	%	%	%	%	%
全国	**17,400**	**1,900**	**331,100**	**290,600**	**98**	**96**	**98**	**95**	**95**
うち 千葉	46	1,180	543	411	100	100	98	97	100
神奈川	912	1,520	13,900	11,600	98	95	94	89	96
静岡	3,790	2,180	82,600	72,100	99	98	97	95	94
愛知	427	2,000	8,540	7,170	99	98	110	108	107
三重	289	1,470	4,250	3,640	97	92	94	87	86
大阪	197	1,790	3,530	3,080	99	98	97	95	94
兵庫	77	1,090	839	685	97	95	96	92	103
和歌山	2,870	2,060	59,100	53,200	99	98	94	92	92
広島	803	1,410	11,300	9,720	100	95	114	109	117
山口	505	1,010	5,100	4,450	99	97	92	89	90
徳島	510	1,350	6,890	5,900	94	92	108	99	98
香川	449	1,140	5,120	4,610	95	93	103	96	96
愛媛	2,310	1,960	45,300	39,800	96	95	94	89	89
高知	51	1,600	816	726	100	100	91	91	93
福岡	276	2,080	5,740	5,240	97	94	108	102	101
佐賀	710	2,230	15,800	14,100	97	95	108	103	100
長崎	1,280	1,740	22,300	19,900	96	94	104	98	99
熊本	1,260	2,340	29,500	26,800	99	99	101	100	99
大分	339	1,820	6,170	4,590	97	96	99	95	97
宮崎	53	1,390	737	598	104	104	90	94	93
鹿児島	92	922	848	680	97	96	98	94	93

(2) りんご

ア 計

全国・都道府県	結果樹面積	10a当たり収量	収穫量	出荷量	対前年産比 結果樹面積	対前年産比 10a当たり収量	対前年産比 収穫量	対前年産比 出荷量
	ha	kg	t	t	%	%	%	%
全国	**36,200**	**2,090**	**756,100**	**679,600**	**99**	**104**	**103**	**104**
うち 北海道	520	1,370	7,120	6,620	99	93	92	92
青森	19,800	2,250	445,500	402,900	99	108	107	107
岩手	2,340	2,020	47,300	40,700	99	120	119	119
宮城	182	1,500	2,730	2,300	92	97	90	88
秋田	1,320	1,740	23,000	20,900	99	99	98	98
山形	2,210	1,870	41,300	36,100	99	89	88	88
福島	1,210	2,120	25,700	22,400	98	97	95	95
群馬	415	1,900	7,890	6,930	100	90	90	90
富山	94	1,060	996	872	97	105	102	107
石川	48	1,360	653	554	100	94	95	95
山梨	53	1,470	779	668	98	92	91	91
長野	7,290	1,950	142,200	129,100	98	97	95	99
岐阜	82	1,700	1,390	1,240	100	82	82	81
広島	83	1,750	1,450	1,390	100	106	106	107

イ ふじ

全国・都道府県	結果樹面積	10a当たり収量	収穫量	出荷量	対前年産比 結果樹面積	対前年産比 10a当たり収量	対前年産比 収穫量	対前年産比 出荷量
	ha	kg	t	t	%	%	%	%
全国	**18,600**	**2,170**	**403,000**	**364,000**	**99**	**109**	**107**	**108**
うち 北海道	103	1,340	1,380	1,280	100	94	94	94
青森	9,520	2,360	224,700	206,100	100	116	115	115
岩手	1,010	2,220	22,400	19,100	99	125	123	125
宮城	117	1,560	1,830	1,520	96	96	92	91
秋田	832	1,770	14,700	13,400	97	98	95	95
山形	1,240	1,930	23,900	20,900	99	89	89	89
福島	862	2,250	19,400	17,000	97	99	96	96
群馬	183	1,880	3,440	3,030	100	87	88	87
富山	71	1,100	781	702	100	118	118	126
石川	25	1,450	363	300	100	99	99	99
山梨	15	1,480	222	190	100	96	96	96
長野	4,260	1,980	84,300	75,500	98	99	97	101
岐阜	37	1,710	633	568	103	81	83	82
広島	37	1,990	736	705	100	104	104	104

3　平成30年産都道府県別の結果樹面積・10ａ当たり収量・収穫量・出荷量（続き）

(2)　りんご（続き）

ウ　つがる

全国・都道府県	結果樹面積	10ａ当たり収量	収穫量	出荷量	対前年産比 結果樹面積	対前年産比 10ａ当たり収量	対前年産比 収穫量	対前年産比 出荷量
	ha	kg	t	t	%	%	%	%
全国	**4,540**	**1,730**	**78,600**	**70,100**	**98**	**96**	**94**	**95**
うち北海道	133	1,420	1,890	1,770	98	93	91	91
青森	2,270	1,840	41,800	36,900	100	94	94	94
岩手	256	1,810	4,630	3,970	99	112	111	111
宮城	23	1,380	317	268	88	101	89	89
秋田	40	1,550	620	556	95	103	98	98
山形	240	1,800	4,320	3,810	98	92	91	91
福島	103	1,680	1,730	1,540	97	92	90	89
群馬	40	2,180	872	775	100	98	98	99
富山	3	1,040	31	28	75	75	56	62
石川	7	1,080	76	69	100	77	78	83
山梨	32	1,520	486	418	97	91	88	89
長野	1,310	1,570	20,600	19,000	94	98	92	97
岐阜	14	1,860	260	232	100	77	77	77
広島	7	1,730	121	117	100	104	103	104

エ　ジョナゴールド

全国・都道府県	結果樹面積	10ａ当たり収量	収穫量	出荷量	対前年産比 結果樹面積	対前年産比 10ａ当たり収量	対前年産比 収穫量	対前年産比 出荷量
	ha	kg	t	t	%	%	%	%
全国	**2,500**	**1,960**	**49,000**	**44,400**	**98**	**97**	**95**	**95**
うち北海道	25	1,430	358	329	100	99	99	99
青森	1,980	1,980	39,200	35,900	99	95	94	94
岩手	372	1,960	7,290	6,270	98	107	105	105
宮城	8	1,460	117	103	89	103	91	91
秋田	5	1,770	89	83	71	107	77	77
山形	16	1,600	256	223	94	89	84	84
福島	42	1,820	764	682	95	96	92	92
群馬	2	2,110	42	39	100	100	100	98
富山	0	1,000	1	1	nc	91	100	100
石川	0	1,140	5	5	nc	91	100	100
山梨	0	1,120	2	1	nc	91	100	100
長野	26	1,720	447	398	84	83	70	72
岐阜	3	1,220	37	32	100	83	84	80
広島	6	1,950	117	112	100	105	105	106

オ　王林

全国・都道府県	結果樹面積	10ａ当たり収量	収穫量	出荷量	対前年産比 結果樹面積	対前年産比 10ａ当たり収量	対前年産比 収穫量	対前年産比 出荷量
	ha	kg	t	t	%	%	%	%
全国	**2,770**	**1,890**	**52,300**	**47,200**	**98**	**94**	**92**	**92**
うち北海道	24	1,570	377	336	104	91	95	95
青森	2,130	1,950	41,500	37,700	99	92	91	91
岩手	161	1,840	2,960	2,530	98	109	106	106
宮城	11	1,310	144	123	92	98	89	89
秋田	95	1,740	1,650	1,480	100	108	108	108
山形	121	1,770	2,140	1,850	98	93	91	92
福島	45	1,720	774	677	98	94	92	91
群馬	3	1,560	47	41	100	98	98	93
富山	6	919	55	42	100	83	82	84
石川	1	1,500	15	14	50	176	88	88
山梨	3	1,150	35	30	100	90	92	91
長野	136	1,500	2,040	1,860	90	97	88	93
岐阜	3	1,410	42	37	100	82	82	80
広島	3	1,680	50	46	100	104	104	105

(3)　日本なし

全国・都道府県	結果樹面積	10a当たり収量	収穫量	出荷量	対前年産比 結果樹面積	対前年産比 10a当たり収量	対前年産比 収穫量	対前年産比 出荷量
	ha	kg	t	t	%	%	%	%
全国	**11,400**	**2,030**	**231,800**	**214,300**	**97**	**97**	**94**	**95**
うち宮城	144	1,910	2,750	2,430	99	98	96	96
秋田	181	1,260	2,280	2,070	98	80	79	78
山形	123	1,230	1,510	1,240	97	92	89	89
福島	869	1,970	17,100	15,900	99	92	90	91
茨城	976	2,440	23,800	22,100	97	105	102	102
栃木	764	2,670	20,400	18,900	100	108	107	108
群馬	211	2,210	4,660	3,940	98	109	107	111
埼玉	365	2,320	8,470	7,790	94	101	95	94
千葉	1,420	2,140	30,400	29,700	98	97	95	95
東京	91	1,980	1,800	1,740	98	92	90	90
神奈川	231	2,120	4,900	4,750	99	105	104	103
新潟	416	1,870	7,780	7,160	98	88	87	87
富山	167	2,050	3,420	3,320	98	88	86	85
石川	137	1,950	2,670	2,450	100	76	76	76
福井	66	1,650	1,090	955	100	84	84	79
長野	741	1,840	13,600	12,100	98	91	89	89
岐阜	119	1,560	1,860	1,690	98	85	84	84
愛知	344	1,430	4,920	4,490	96	97	93	93
滋賀	49	1,350	662	604	98	87	85	86
京都	75	1,950	1,460	1,370	96	92	88	89
兵庫	63	1,570	989	930	98	82	81	81
鳥取	743	2,140	15,900	14,600	93	93	86	87
広島	138	1,940	2,680	2,410	100	93	93	93
山口	178	1,580	2,810	2,560	94	100	94	95
徳島	213	2,360	5,030	4,680	98	104	102	103
香川	37	1,330	492	449	100	99	99	99
福岡	375	2,160	8,100	7,650	94	96	90	90
佐賀	201	2,030	4,080	3,770	92	103	95	94
長崎	61	1,210	738	642	95	96	92	91
熊本	498	1,830	9,110	8,400	99	109	108	108
大分	358	2,260	8,090	7,420	99	91	90	90

(4)　西洋なし

全国・都道府県	結果樹面積	10a当たり収量	収穫量	出荷量	対前年産比 結果樹面積	対前年産比 10a当たり収量	対前年産比 収穫量	対前年産比 出荷量
	ha	kg	t	t	%	%	%	%
全国	**1,470**	**1,830**	**26,900**	**23,700**	**99**	**94**	**92**	**92**
うち青森	133	1,390	1,850	1,500	97	103	100	101
山形	854	2,070	17,700	15,600	99	95	94	94
福島	37	1,720	636	570	97	92	89	89
新潟	107	1,560	1,670	1,470	99	75	75	75
長野	93	1,670	1,550	1,400	96	95	91	90

3　平成30年産都道府県別の結果樹面積・10a当たり収量・収穫量・出荷量（続き）

(5)　かき

全国・都道府県	結果樹面積	10a当たり収量	収穫量	出荷量	対前年産比			
					結果樹面積	10a当たり収量	収穫量	出荷量
	ha	kg	t	t	%	%	%	%
全国	**19,100**	**1,090**	**208,000**	**172,200**	**96**	**96**	**92**	**92**
うち宮城	320	320	1,020	386	94	103	97	103
山形	821	836	6,860	5,580	96	95	91	91
福島	1,010	925	9,340	7,900	93	112	103	105
茨城	375	827	3,100	2,730	97	96	94	95
新潟	644	1,510	9,720	8,960	100	94	94	95
富山	262	653	1,710	1,240	93	114	106	105
石川	291	399	1,160	711	99	86	85	89
福井	134	706	946	684	100	118	118	128
山梨	543	1,370	7,440	6,340	99	137	136	136
長野	659	1,420	9,360	8,240	101	112	113	124
岐阜	1,240	1,120	13,900	12,500	99	96	95	95
静岡	422	1,070	4,520	2,490	88	100	89	89
愛知	1,110	1,220	13,500	10,600	97	110	105	108
三重	383	1,110	4,250	2,680	99	140	139	140
奈良	1,800	1,570	28,300	26,300	99	87	86	85
和歌山	2,530	1,550	39,200	35,300	100	83	83	82
鳥取	258	889	2,290	1,810	91	85	78	77
島根	308	669	2,060	1,610	98	85	83	81
岡山	386	634	2,450	1,360	98	77	75	88
広島	368	708	2,610	987	99	99	99	99
香川	174	692	1,200	930	92	93	86	88
愛媛	606	1,380	8,360	7,350	94	95	89	89
福岡	1,250	1,270	15,900	14,400	87	101	88	86
熊本	357	550	1,960	1,630	98	99	97	97

(6)　びわ

全国・都道府県	結果樹面積	10a当たり収量	収穫量	出荷量	対前年産比			
					結果樹面積	10a当たり収量	収穫量	出荷量
	ha	kg	t	t	%	%	%	%
全国	**1,170**	**238**	**2,790**	**2,300**	**94**	**81**	**77**	**78**
うち千葉	154	292	450	427	100	84	84	84
兵庫	40	398	159	137	93	83	77	76
和歌山	38	292	111	98	95	60	57	58
香川	72	314	226	184	97	81	79	79
愛媛	66	168	111	93	93	53	50	49
高知	32	244	78	49	94	71	66	63
長崎	397	216	858	767	92	89	82	83
熊本	30	230	69	56	91	90	82	97
大分	50	214	107	69	93	68	63	63
鹿児島	125	205	256	186	95	94	90	89

(7) もも

全国・都道府県	結果樹面積	10a当たり収量	収穫量	出荷量	対前年産比			
					結果樹面積	10a当たり収量	収穫量	出荷量
	ha	kg	t	t	%	%	%	%
全国	**9,680**	**1,170**	**113,200**	**104,400**	**100**	**91**	**91**	**91**
うち 山形	611	1,320	8,070	7,290	101	92	93	93
福島	1,600	1,510	24,200	22,500	101	83	85	85
新潟	220	729	1,600	1,410	99	77	75	75
山梨	3,150	1,250	39,400	37,600	100	101	101	101
長野	1,030	1,280	13,200	12,100	99	92	91	90
岐阜	68	897	610	560	99	95	94	94
和歌山	748	992	7,420	6,750	98	74	73	72
岡山	628	948	5,950	5,320	100	86	86	86
香川	171	655	1,120	953	96	102	98	98
愛媛	76	392	298	254	99	91	90	89

(8) すもも

全国・都道府県	結果樹面積	10a当たり収量	収穫量	出荷量	対前年産比			
					結果樹面積	10a当たり収量	収穫量	出荷量
	ha	kg	t	t	%	%	%	%
全国	**2,780**	**831**	**23,100**	**20,400**	**99**	**119**	**118**	**119**
うち 北海道	135	597	806	759	100	103	103	105
青森	107	993	1,060	940	103	102	105	107
山形	245	816	2,000	1,770	102	110	112	113
福島	146	505	737	622	97	98	95	97
山梨	804	973	7,820	7,010	99	118	117	117
長野	376	821	3,090	2,790	99	100	99	103
和歌山	292	1,140	3,330	3,060	100	169	169	169
福岡	65	1,110	722	676	94	148	140	140
鹿児島	66	309	204	165	96	172	165	159

(9) おうとう

全国・都道府県	結果樹面積	10a当たり収量	収穫量	出荷量	対前年産比			
					結果樹面積	10a当たり収量	収穫量	出荷量
	ha	kg	t	t	%	%	%	%
全国	**4,350**	**416**	**18,100**	**16,200**	**100**	**95**	**95**	**94**
うち 北海道	499	185	923	868	101	60	61	60
秋田	87	475	413	359	nc	nc	nc	nc
山形	2,860	495	14,200	12,700	100	98	98	98
山梨	301	359	1,080	1,030	99	93	92	93

3　平成30年産都道府県別の結果樹面積・10 a 当たり収量・収穫量・出荷量（続き）

(10)　うめ

全国・都道府県	結果樹面積	10 a 当たり収量	収穫量	出荷量	対前年産比 結果樹面積	対前年産比 10 a 当たり収量	対前年産比 収穫量	対前年産比 出荷量
	ha	kg	t	t	%	%	%	%
全国	**14,800**	**759**	**112,400**	**99,200**	**98**	**132**	**129**	**131**
うち宮城	398	379	1,510	865	96	109	105	107
福島	389	280	1,090	438	95	126	120	123
茨城	409	360	1,470	1,120	93	193	179	186
栃木	272	374	1,020	900	100	112	112	115
群馬	952	603	5,740	5,250	98	111	110	111
埼玉	299	483	1,440	1,230	98	149	146	152
千葉	280	232	650	262	100	121	121	163
神奈川	362	500	1,810	1,590	99	139	137	138
福井	485	307	1,490	1,390	99	141	139	144
山梨	378	379	1,430	1,260	96	139	134	135
長野	423	418	1,770	1,340	96	102	98	98
静岡	232	350	812	473	99	104	104	104
愛知	338	264	892	357	99	113	113	113
三重	246	848	2,090	1,480	98	128	126	125
奈良	297	535	1,590	1,510	96	86	83	83
和歌山	4,980	1,470	73,200	70,600	100	137	137	137
広島	288	242	697	164	99	101	100	100
山口	224	203	455	220	95	99	94	96
徳島	132	330	436	320	98	101	99	99
福岡	253	474	1,200	875	85	122	104	107
大分	257	476	1,220	852	100	106	105	108
鹿児島	221	363	802	545	98	122	120	125

(11)　ぶどう

全国・都道府県	結果樹面積	10a当たり収量	収穫量	出荷量	対前年産比			
					結果樹面積	10a当たり収量	収穫量	出荷量
	ha	kg	t	t	%	%	%	%
全国	**16,700**	**1,050**	**174,700**	**161,500**	**99**	**101**	**99**	**100**
うち北海道	1,020	508	5,180	4,970	99	81	80	80
青森	432	1,040	4,490	3,590	100	115	114	117
岩手	354	918	3,250	2,950	99	103	102	102
秋田	183	1,060	1,940	1,760	102	104	105	106
山形	1,490	1,080	16,100	14,500	99	97	96	96
福島	261	1,010	2,640	2,360	99	100	99	99
茨城	241	834	2,010	1,950	99	97	96	100
群馬	136	914	1,240	1,170	99	105	104	106
埼玉	169	789	1,330	1,280	101	94	95	96
新潟	251	806	2,020	1,760	99	96	95	95
富山	29	792	230	222	100	110	110	109
石川	158	710	1,120	1,040	101	93	93	95
山梨	3,800	1,100	41,800	39,400	99	97	97	98
長野	2,270	1,370	31,100	29,400	98	122	120	121
愛知	455	887	4,040	3,680	99	96	95	94
滋賀	53	1,070	567	523	98	96	94	94
大阪	409	1,180	4,830	4,600	99	98	97	96
兵庫	262	873	2,290	2,170	100	89	88	88
鳥取	65	861	560	515	94	98	92	92
島根	231	958	2,210	2,100	98	101	99	99
岡山	1,130	1,350	15,300	13,800	100	91	92	92
広島	276	1,140	3,150	2,840	100	103	103	102
香川	174	747	1,300	1,140	96	103	98	98
愛媛	151	690	1,040	973	100	86	86	86
福岡	749	974	7,300	6,800	93	95	88	89
大分	285	888	2,530	2,310	100	94	94	94
宮崎	159	1,090	1,730	1,570	96	96	92	92

3　平成30年産都道府県別の結果樹面積・10 a 当たり収量・収穫量・出荷量（続き）

(12)　くり

全国・都道府県	結果樹面積	10 a 当たり収量	収穫量	出荷量	対前年産比			
					結果樹面積	10 a 当たり収量	収穫量	出荷量
	ha	kg	t	t	%	%	%	%
全国	**18,300**	**90**	**16,500**	**13,000**	**97**	**91**	**88**	**90**
うち秋田	213	74	158	56	90	107	96	108
茨城	3,410	129	4,400	4,010	97	109	106	108
栃木	503	109	548	402	99	114	113	116
埼玉	669	99	662	511	100	101	101	102
千葉	399	84	335	241	98	93	92	92
東京	425	71	302	238	99	95	93	90
神奈川	426	89	379	307	100	102	103	104
石川	133	83	110	87	97	94	91	92
長野	242	246	595	516	100	113	112	124
岐阜	426	156	665	527	101	81	82	82
静岡	242	106	257	154	93	80	74	74
京都	414	54	224	159	95	79	76	78
大阪	138	55	76	59	99	74	73	73
兵庫	507	62	314	251	96	67	64	63
島根	97	42	41	20	95	70	67	63
岡山	324	65	211	126	98	68	67	78
山口	718	66	474	308	97	86	83	86
香川	52	44	23	11	100	72	72	65
愛媛	2,070	42	869	736	98	48	47	48
福岡	222	86	191	142	89	83	73	62
熊本	2,470	104	2,570	2,330	96	93	89	90
大分	410	74	303	248	100	86	86	86
宮崎	770	65	501	435	99	86	84	83

(13)　パインアップル

全国・都道府県	収穫面積	10a当たり収量	収穫量	出荷量	対前年産比			
					収穫面積	10a当たり収量	収穫量	出荷量
	ha	kg	t	t	%	%	%	%
沖縄	319	2,300	7,340	7,160	101	86	86	86

(14)　キウイフルーツ

全国・都道府県	結果樹面積	10a当たり収量	収穫量	出荷量	対前年産比			
					結果樹面積	10a当たり収量	収穫量	出荷量
	ha	kg	t	t	%	%	%	%
全国	**1,950**	**1,280**	**25,000**	**21,800**	**98**	**85**	**83**	**83**
うち茨城	36	961	346	217	82	102	84	104
栃木	59	1,440	850	674	98	98	96	100
群馬	73	1,290	942	734	100	96	96	95
千葉	49	1,070	524	473	102	82	83	85
神奈川	133	1,370	1,820	1,730	98	99	97	98
新潟	30	513	154	109	97	65	63	63
山梨	55	1,640	902	773	100	90	89	90
静岡	118	1,120	1,320	990	98	87	85	81
愛知	32	1,170	374	303	97	96	93	94
和歌山	152	1,970	2,990	2,750	100	74	74	74
広島	39	679	265	180	100	88	87	88
山口	25	644	161	122	96	74	72	76
徳島	30	1,340	402	340	100	97	97	97
香川	55	953	524	434	104	82	85	85
愛媛	367	1,420	5,210	4,910	98	78	76	76
福岡	266	1,720	4,580	4,310	95	89	85	85
佐賀	50	1,390	695	634	91	101	92	91
大分	44	1,370	603	533	100	101	102	103

4　平成30年産の用途別出荷量・集出荷団体取扱数量（主産県）

(1)　みかん

単位：t

都道府県	出荷量					
	計	集出荷団体	生食向	集出荷団体	加工向	集出荷団体
主産県計	**687,900**	**357,500**	**639,900**	**319,400**	**47,900**	**38,300**
千葉	919	−	919	−	−	−
神奈川	14,500	2,900	12,000	2,050	2,480	848
静岡	100,500	59,600	94,200	55,100	6,320	4,570
愛知	25,500	10,100	24,900	9,520	589	589
三重	15,900	7,250	15,100	6,650	843	598
大阪	11,400	285	10,800	221	600	64
兵庫	1,550	45	1,550	45	3	0
和歌山	140,700	78,700	131,000	71,300	9,680	7,370
広島	20,100	5,820	17,900	4,730	2,200	1,080
山口	6,090	4,280	5,320	3,510	766	766
徳島	11,200	2,630	9,890	2,330	1,310	300
香川	11,300	4,990	10,200	4,050	1,100	943
愛媛	103,400	64,400	98,100	59,300	5,280	5,060
高知	6,210	2,030	6,080	1,900	130	130
福岡	18,800	13,700	16,800	12,000	2,000	1,780
佐賀	44,500	24,100	40,900	20,900	3,550	3,260
長崎	44,300	29,600	40,600	25,900	3,710	3,710
熊本	82,800	40,600	76,700	34,500	6,100	6,100
大分	10,200	2,420	9,530	1,940	666	476
宮崎	8,690	3,220	8,160	2,690	526	526
鹿児島	9,310	856	9,220	767	89	89

(2)　りんご

単位：t

都道府県	出荷量					
	計	集出荷団体	生食向	集出荷団体	加工向	集出荷団体
主産県計	**672,700**	**279,600**	**549,900**	**247,800**	**122,700**	**31,700**
北海道	6,620	1,150	5,540	635	1,080	512
青森	402,900	181,100	314,400	168,200	88,500	12,900
岩手	40,700	12,900	37,300	10,500	3,370	2,400
宮城	2,300	166	1,990	28	310	138
秋田	20,900	7,190	18,900	5,490	1,990	1,700
山形	36,100	11,700	30,700	9,660	5,400	2,010
福島	22,400	5,490	19,700	3,800	2,720	1,690
群馬	6,930	238	6,620	77	306	161
富山	872	31	810	0	62	31
石川	554	17	553	17	1	0
山梨	668	86	664	86	4	−
長野	129,100	59,400	110,300	49,300	18,800	10,100
岐阜	1,240	89	1,140	44	100	45
広島	1,390	−	1,330	−	56	−

5 平成30年産の出荷量・集出荷団体取扱数量（主産県）

(1) みかん

ア 計　　イ 早生温州　　ウ 普通温州　　単位：t

都道府県	ア 計 出荷量	ア 計 集出荷団体	イ 早生温州 出荷量	イ 早生温州 集出荷団体	ウ 普通温州 出荷量	ウ 普通温州 集出荷団体
主産県計	**687,900**	**357,500**	**399,000**	**218,000**	**289,000**	**139,600**
千葉	919	−	508	−	411	−
神奈川	14,500	2,900	2,930	251	11,600	2,650
静岡	100,500	59,600	28,400	17,300	72,100	42,300
愛知	25,500	10,100	18,300	8,210	7,170	1,910
三重	15,900	7,250	12,300	6,510	3,640	737
大阪	11,400	285	8,320	237	3,080	48
兵庫	1,550	45	865	22	685	23
和歌山	140,700	78,700	87,500	54,700	53,200	24,000
広島	20,100	5,820	10,400	3,540	9,720	2,280
山口	6,090	4,280	1,640	946	4,450	3,330
徳島	11,200	2,630	5,260	1,020	5,900	1,610
香川	11,300	4,990	6,720	3,050	4,610	1,940
愛媛	103,400	64,400	63,600	41,300	39,800	23,100
高知	6,210	2,030	5,480	1,970	726	60
福岡	18,800	13,700	13,600	9,570	5,240	4,160
佐賀	44,500	24,100	30,400	16,500	14,100	7,640
長崎	44,300	29,600	24,400	17,000	19,900	12,600
熊本	82,800	40,600	56,000	30,400	26,800	10,200
大分	10,200	2,420	5,640	1,590	4,590	830
宮崎	8,690	3,220	8,090	3,170	598	48
鹿児島	9,310	856	8,630	739	680	117

(2) りんご

ア 計　　イ ふじ　　ウ つがる　　単位：t

都道府県	ア 計 出荷量	ア 計 集出荷団体	イ ふじ 出荷量	イ ふじ 集出荷団体	ウ つがる 出荷量	ウ つがる 集出荷団体
主産県計	**672,700**	**279,600**	**360,300**	**154,700**	**69,500**	**25,900**
北海道	6,620	1,150	1,280	222	1,770	135
青森	402,900	181,100	206,100	103,500	36,900	13,700
岩手	40,700	12,900	19,100	5,700	3,970	799
宮城	2,300	166	1,520	122	268	19
秋田	20,900	7,190	13,400	4,190	556	191
山形	36,100	11,700	20,900	6,410	3,810	1,490
福島	22,400	5,490	17,000	4,090	1,540	268
群馬	6,930	238	3,030	39	775	5
富山	872	31	702	31	28	0
石川	554	17	300	0	69	0
山梨	668	86	190	0	418	83
長野	129,100	59,400	75,500	30,400	19,000	9,180
岐阜	1,240	89	568	30	232	3
広島	1,390	−	705	−	117	−

5　平成30年産の出荷量・集出荷団体取扱数量（主産県）（続き）

(2)　りんご（続き）

エ　ジョナゴールド　／　オ　王林

単位：t

都道府県	エ ジョナゴールド 出荷量	集出荷団体	オ 王林 出荷量	集出荷団体
主産県計	44,200	15,200	46,800	15,000
北海道	329	12	336	50
青森	35,900	12,700	37,700	13,000
岩手	6,270	2,350	2,530	438
宮城	103	18	123	4
秋田	83	23	1,480	365
山形	223	5	1,850	303
福島	682	34	677	137
群馬	39	0	41	0
富山	1	0	42	0
石川	5	0	14	0
山梨	1	0	30	0
長野	398	58	1,860	704
岐阜	32	3	37	3
広島	112	－	46	－

(3)　日本なし

単位：t

都道府県	出荷量	集出荷団体
主産県計	198,200	93,800
宮城	2,430	794
秋田	2,070	838
山形	1,240	262
福島	15,900	8,860
茨城	22,100	10,200
栃木	18,900	10,700
群馬	3,940	256
埼玉	7,790	2,820
千葉	29,700	11,200
東京	1,740	－
神奈川	4,750	168
新潟	7,160	5,870
富山	3,320	1,550
石川	2,450	1,450
福井	955	477
長野	12,100	8,080
岐阜	1,690	177
愛知	4,490	1,150
滋賀	604	318
京都	1,370	280
兵庫	930	418
鳥取	14,600	9,800
広島	2,410	911
山口	2,560	1,470
徳島	4,680	3,050
香川	449	409
福岡	7,650	4,310
佐賀	3,770	2,810
長崎	642	137
熊本	8,400	1,900
大分	7,420	3,100

(4)　西洋なし

単位：t

都道府県	出荷量	集出荷団体
主産県計	20,500	9,200
青森	1,500	421
山形	15,600	6,950
福島	570	98
新潟	1,470	852
長野	1,400	875

(5) かき

単位：t

都道府県	出荷量	集出荷団体
主産県計	**162,700**	**97,400**
宮城	386	161
山形	5,580	3,610
福島	7,900	4,130
茨城	2,730	357
新潟	8,960	7,240
富山	1,240	809
石川	711	239
福井	684	292
山梨	6,340	2,280
長野	8,240	5,160
岐阜	12,500	4,500
静岡	2,490	959
愛知	10,600	4,410
三重	2,680	982
奈良	26,300	16,100
和歌山	35,300	28,100
鳥取	1,810	1,260
島根	1,610	820
岡山	1,360	307
広島	987	189
香川	930	367
愛媛	7,350	4,760
福岡	14,400	9,980
熊本	1,630	342

(6) びわ

単位：t

都道府県	出荷量	集出荷団体
主産県計	**2,070**	**1,040**
千葉	427	107
兵庫	137	7
和歌山	98	83
香川	184	100
愛媛	93	47
高知	49	1
長崎	767	611
熊本	56	13
大分	69	18
鹿児島	186	49

(7) もも

単位：t

都道府県	出荷量	集出荷団体
主産県計	**94,700**	**51,800**
山形	7,290	2,060
福島	22,500	14,900
新潟	1,410	808
山梨	37,600	20,300
長野	12,100	8,150
岐阜	560	91
和歌山	6,750	2,930
岡山	5,320	1,940
香川	953	543
愛媛	254	55

(8) すもも

単位：t

都道府県	出荷量	集出荷団体
主産県計	**17,800**	**9,650**
北海道	759	283
青森	940	383
山形	1,770	819
福島	622	195
山梨	7,010	4,390
長野	2,790	1,910
和歌山	3,060	1,080
福岡	676	526
鹿児島	165	68

(9) おうとう

単位：t

都道府県	出荷量	集出荷団体
主産県計	**15,000**	**4,560**
北海道	868	222
秋田	359	144
山形	12,700	4,060
山梨	1,030	133

5　平成30年産の出荷量・集出荷団体取扱数量（主産県）（続き）

(10) うめ

単位：t

都道府県	出荷量	集出荷団体
主産県計	**93,000**	**24,200**
宮城	865	53
福島	438	56
茨城	1,120	79
栃木	900	8
群馬	5,250	2,930
埼玉	1,230	79
千葉	262	8
神奈川	1,590	455
福井	1,390	945
山梨	1,260	47
長野	1,340	463
静岡	473	77
愛知	357	11
三重	1,480	1,260
奈良	1,510	1,080
和歌山	70,600	15,700
広島	164	－
山口	220	8
徳島	320	164
福岡	875	383
大分	852	312
鹿児島	545	89

(11) ぶどう

単位：t

都道府県	出荷量	集出荷団体
主産県計	**149,400**	**64,400**
北海道	4,970	2,000
青森	3,590	1,320
岩手	2,950	1,070
秋田	1,760	482
山形	14,500	5,330
福島	2,360	622
茨城	1,950	49
群馬	1,170	0
埼玉	1,280	266
新潟	1,760	629
富山	222	－
石川	1,040	173
山梨	39,400	16,600
長野	29,400	19,400
愛知	3,680	257
滋賀	523	224
大阪	4,600	856
兵庫	2,170	141
鳥取	515	320
島根	2,100	1,600
岡山	13,800	6,320
広島	2,840	1,800
香川	1,140	531
愛媛	973	269
福岡	6,800	3,120
大分	2,310	531
宮崎	1,570	489

(12) くり

単位：t

都道府県	出荷量	集出荷団体
主産県計	11,900	3,830
秋田	56	2
茨城	4,010	906
栃木	402	12
埼玉	511	90
千葉	241	18
東京	238	-
神奈川	307	14
石川	87	33
長野	516	89
岐阜	527	147
静岡	154	5
京都	159	47
大阪	59	4
兵庫	251	63
島根	20	10
岡山	126	4
山口	308	72
香川	11	0
愛媛	736	470
福岡	142	14
熊本	2,330	1,460
大分	248	112
宮崎	435	260

(13) キウイフルーツ

単位：t

都道府県	出荷量	集出荷団体
主産県計	20,200	14,000
茨城	217	70
栃木	674	295
群馬	734	280
千葉	473	12
神奈川	1,730	495
新潟	109	21
山梨	773	492
静岡	990	236
愛知	303	138
和歌山	2,750	2,190
広島	180	28
山口	122	32
徳島	340	209
香川	434	221
愛媛	4,910	4,600
福岡	4,310	3,840
佐賀	634	495
大分	533	356

6　沖縄県のパインアップルの栽培面積・収穫面積・10a当たり収量・収穫量・出荷量の推移

年産・地区	面積		10a当たり収量	4) 収穫量			出荷量				
	1)2) 栽培面積	3) 収穫面積		計	夏果（1期）	冬果（2期）	計	生食向け	加工向け	夏果（1期）	冬果（2期）
	ha	ha	kg	t	t	t	t	t	t	t	t
昭和60年	2,260	1,610	2,550	41,100	31,000	10,100	40,700	2,660	38,000	30,700	9,950
61	2,160	1,520	2,420	36,800	27,800	8,960	36,400	2,770	33,700	27,500	8,900
62	1,990	1,450	2,680	38,900	27,800	11,000	38,600	3,060	35,500	27,600	11,000
63	1,840	1,420	2,500	35,500	28,200	7,250	35,000	4,850	30,100	27,800	7,120
平成元	1,790	1,300	2,800	36,400	24,600	11,800	36,100	5,470	30,700	24,500	11,700
2	1,730	1,200	2,670	31,900	22,800	9,080	31,600	6,620	25,000	22,600	9,000
3	1,630	1,100	2,660	29,300	24,100	5,180	29,100	6,690	22,400	23,900	5,140
4	1,470	1,070	2,750	29,400	20,100	9,340	29,200	6,700	22,500	19,900	9,260
5	1,380	917	2,910	26,700	19,000	7,700	26,500	6,730	19,700	18,800	7,640
6	1,310	911	3,090	28,200	22,800	5,420	27,800	4,630	23,200	22,600	5,190
7	1,200	869	2,950	25,700	19,300	6,400	25,300	5,300	20,000	19,000	6,230
8	1,110	687	2,740	18,800	12,900	5,850	18,300	3,820	14,500	12,700	5,630
9	913	588	2,510	14,700	10,000	4,720	14,300	4,010	10,300	9,640	4,650
10	784	518	2,470	12,800	9,330	3,460	12,300	3,900	8,360	8,980	3,280
11	687	507	2,490	12,600	9,650	2,970	12,100	4,080	8,060	9,270	2,870
12	655	490	2,290	11,200	7,890	3,330	10,800	3,910	6,910	7,580	3,240
13	634	443	2,520	11,200	8,730	2,440	10,800	4,810	6,040	8,470	2,370
14	589	457	2,780	12,700	9,890	2,790	12,300	3,820	8,460	9,570	2,720
15	610	448	2,420	10,800	7,530	3,310	10,500	5,500	4,960	7,270	3,190
16	602	443	2,590	11,500	9,260	2,200	11,100	5,910	5,150	8,940	2,110
17	601	443	2,350	10,400	8,360	2,050	10,100	6,140	3,930	8,080	1,990
18	608	441	2,420	10,700	8,800	1,880	10,400	6,170	4,190	8,600	1,760
19	587	438	2,370	10,400	…	…	10,100	6,350	3,780	…	…
20	557	418	2,370	9,910	…	…	9,690	5,270	4,420	…	…
21	553	413	2,330	9,620	…	…	9,430	5,570	3,860	…	…
22	533	357	2,460	8,780	…	…	8,490	5,340	3,150	…	…
23	518	345	1,840	6,350	…	…	6,160	4,420	1,740	…	…
24	511	326	1,920	6,260	…	…	6,050	4,410	1,640	…	…
25	474	311	2,120	6,590	…	…	6,410	4,310	2,100	…	…
26	490	302	2,360	7,130	…	…	6,960	4,980	1,980	…	…
27	527	310	2,470	7,660	…	…	7,500	4,900	2,600	…	…
28	538	316	2,460	7,770	…	…	7,580	4,880	2,700	…	…
29	540	317	2,680	8,500	…	…	8,310	5,520	2,790	…	…
30	**563**	**319**	**2,300**	**7,340**	**…**	**…**	**7,160**	**4,780**	**2,380**	**…**	**…**
沖縄本島	…	195	2,150	4,190	…	…	4,120	1,890	2,230	…	…
八重山	…	122	2,550	3,110	…	…	3,010	2,860	148	…	…

注：1)は、農林水産省統計部『耕地及び作付面積統計』による。
2)は、集団、散在にかかわらず、調査日（平成13年産までは８月１日、平成14年産以降は７月15日）現在に栽培されている面積である。
3)は、当該年の４月１日から翌年３月末日までに収穫した面積である。
4)は、当該年の４月１日から翌年３月末日までに収穫されたものであり、区分は次のとおりである。
夏果（１期）：４月１日から10月末日まで（八重山にあっては４月１日から９月末日まで）
冬果（２期）：11月１日から翌年３月末日まで（八重山にあっては10月１日から翌年３月末日まで）

7　平成30年産の結果樹面積・収穫量・出荷量の都道府県順位（上位５位）

(1)　みかん

順位	結果樹面積			収穫量			出荷量		
		ha	%		t	%		t	%
1	和歌山	7,010	(18)	和歌山	155,600	(20)	和歌山	140,700	(20)
2	愛媛	5,590	(14)	静岡	114,500	(15)	愛媛	103,400	(15)
3	静岡	5,110	(13)	愛媛	113,500	(15)	静岡	100,500	(15)
4	熊本	3,830	(10)	熊本	90,400	(12)	熊本	82,800	(12)
5	長崎	2,890	(7)	長崎	49,700	(6)	佐賀	44,500	(6)

注：（ ）内は、全国計に占める割合（%）である（以下(13)まで同じ。）。

(2)　りんご

順位	結果樹面積			収穫量			出荷量		
		ha	%		t	%		t	%
1	青森	19,800	(55)	青森	445,500	(59)	青森	402,900	(59)
2	長野	7,290	(20)	長野	142,200	(5)	長野	129,100	(6)
3	岩手	2,340	(6)	岩手	47,300	(6)	岩手	40,700	(6)
4	山形	2,210	(6)	山形	41,300	(5)	山形	36,100	(5)
5	秋田	1,320	(4)	福島	25,700	(3)	福島	22,400	(3)

(3)　日本なし

順位	結果樹面積			収穫量			出荷量		
		ha	%		t	%		t	%
1	千葉	1,420	(12)	千葉	30,400	(13)	千葉	29,700	(14)
2	茨城	976	(9)	茨城	23,800	(10)	茨城	22,100	(10)
3	福島	869	(8)	栃木	20,400	(9)	栃木	18,900	(9)
4	栃木	764	(7)	福島	17,100	(7)	福島	15,900	(7)
5	鳥取	743	(7)	鳥取	15,900	(7)	鳥取	14,600	(7)

(4)　西洋なし

順位	結果樹面積			収穫量			出荷量		
		ha	%		t	%		t	%
1	山形	854	(58)	山形	17,700	(66)	山形	15,600	(6)
2	青森	133	(7)	青森	1,850	(7)	青森	1,500	(6)
3	新潟	107	(7)	新潟	1,670	(6)	新潟	1,470	(6)
4	長野	93	(6)	長野	1,550	(6)	長野	1,400	(6)
5	福島	37	(3)	福島	636	(2)	福島	570	(2)

(5)　かき

順位	結果樹面積			収穫量			出荷量		
		ha	%		t	%		t	%
1	和歌山	2,530	(13)	和歌山	39,200	(19)	和歌山	35,300	(20)
2	奈良	1,800	(9)	奈良	28,300	(14)	奈良	26,300	(15)
3	福岡	1,250	(7)	福岡	15,900	(8)	福岡	14,400	(8)
4	岐阜	1,240	(6)	岐阜	13,900	(7)	岐阜	12,500	(7)
5	愛知	1,110	(6)	愛知	13,500	(6)	愛知	10,600	(6)

(6)　びわ

順位	結果樹面積	ha	%	収穫量	t	%	出荷量	t	%
1	長崎	397	(34)	長崎	858	(31)	長崎	767	(33)
2	千葉	154	(13)	千葉	450	(16)	千葉	427	(19)
3	鹿児島	125	(11)	鹿児島	256	(9)	鹿児島	186	(8)
4	香川	72	(6)	香川	226	(8)	香川	184	(8)
5	愛媛	66	(6)	兵庫	159	(6)	兵庫	137	(6)

(7)　もも

順位	結果樹面積	ha	%	収穫量	t	%	出荷量	t	%
1	山梨	3,150	(33)	山梨	39,400	(35)	山梨	37,600	(36)
2	福島	1,600	(17)	福島	24,200	(21)	福島	22,500	(22)
3	長野	1,030	(11)	長野	13,200	(5)	長野	12,100	(6)
4	和歌山	748	(8)	山形	8,070	(7)	山形	7,290	(7)
5	岡山	628	(6)	和歌山	7,420	(7)	和歌山	6,750	(6)

(8)　すもも

順位	結果樹面積	ha	%	収穫量	t	%	出荷量	t	%
1	山梨	804	(29)	山梨	7,820	(34)	山梨	7,010	(34)
2	長野	376	(14)	和歌山	3,330	(14)	和歌山	3,060	(15)
3	和歌山	292	(11)	長野	3,090	(13)	長野	2,790	(14)
4	山形	245	(9)	山形	2,000	(9)	山形	1,770	(9)
5	福島	146	(5)	青森	1,060	(5)	青森	940	(5)

(9)　おうとう

順位	結果樹面積	ha	%	収穫量	t	%	出荷量	t	%
1	山形	2,860	(66)	山形	14,200	(78)	山形	12,700	(78)
2	北海道	499	(11)	山梨	1,080	(6)	山梨	1,030	(6)
3	山梨	301	(7)	北海道	923	(5)	北海道	868	(5)
4	秋田	87	(2)	秋田	413	(2)	秋田	359	(2)

(10)　うめ

順位	結果樹面積	ha	%	収穫量	t	%	出荷量	t	%
1	和歌山	4,980	(34)	和歌山	73,200	(65)	和歌山	70,600	(71)
2	群馬	952	(6)	群馬	5,740	(5)	群馬	5,250	(5)
3	福井	485	(3)	三重	2,090	(2)	神奈川	1,590	(2)
4	長野	423	(3)	神奈川	1,810	(2)	奈良	1,510	(2)
5	茨城	409	(3)	長野	1,770	(2)	三重	1,480	(1)

7　平成30年産の結果樹面積・収穫量・出荷量の都道府県順位（上位５位）(続き)

(11)　ぶどう

順位	結果樹面積			収穫量			出荷量		
		ha	%		t	%		t	%
1	山梨	3,800	(23)	山梨	41,800	(24)	山梨	39,400	(24)
2	長野	2,270	(14)	長野	31,100	(18)	長野	29,400	(18)
3	山形	1,490	(9)	山形	16,100	(9)	山形	14,500	(9)
4	岡山	1,130	(7)	岡山	15,300	(9)	岡山	13,800	(9)
5	北海道	1,020	(6)	福岡	7,300	(4)	福岡	6,800	(4)

(12)　くり

順位	結果樹面積			収穫量			出荷量		
		ha	%		t	%		t	%
1	茨城	3,410	(19)	茨城	4,400	(27)	茨城	4,010	(31)
2	熊本	2,470	(13)	熊本	2,570	(16)	熊本	2,330	(18)
3	愛媛	2,070	(11)	愛媛	869	(5)	愛媛	736	(6)
4	宮崎	770	(4)	岐阜	665	(4)	岐阜	527	(4)
5	山口	718	(4)	埼玉	662	(4)	長野	516	(4)

(13)　キウイフルーツ

順位	結果樹面積			収穫量			出荷量		
		ha	%		t	%		t	%
1	愛媛	367	(19)	愛媛	5,210	(21)	愛媛	4,910	(23)
2	福岡	266	(14)	福岡	4,580	(18)	福岡	4,310	(20)
3	和歌山	152	(8)	和歌山	2,990	(12)	和歌山	2,750	(13)
4	神奈川	133	(7)	神奈川	1,820	(7)	神奈川	1,730	(8)
5	静岡	118	(6)	静岡	1,320	(5)	静岡	990	(5)

関　連　統　計

1　全国の栽培面積の推移

年　次	みかん	なつみかん	はっさく	いよかん	ネーブルオレンジ	その他かんきつ類	りんご	日本なし	西洋なし
昭和 元年 (1)	33,000	6,540	…	…	2,670	4,370	9,600	14,700	736
2 (2)	34,200	6,360	…	…	2,710	4,500	9,640	14,700	690
3 (3)	33,200	6,380	…	…	2,740	4,370	9,480	14,700	616
4 (4)	35,000	6,290	…	…	2,710	4,390	10,100	14,000	600
5 (5)	36,100	6,350	…	…	2,870	4,030	10,200	13,900	622
6 (6)	36,000	6,240	…	…	2,890	4,050	10,100	13,800	618
7 (7)	37,400	6,320	…	…	2,940	4,090	9,980	14,100	602
8 (8)	38,000	6,290	…	…	3,000	4,120	11,800	14,400	621
9 (9)	39,700	6,520	…	…	3,000	4,140	12,600	13,700	635
10 (10)	41,900	6,680	…	…	3,110	4,240	13,200	13,900	697
11 (11)	43,500	6,820	…	…	3,160	4,300	14,200	13,400	754
12 (12)	44,200	6,870	…	…	3,210	4,380	15,200	13,700	859
13 (13)	44,900	6,960	…	…	3,350	4,530	15,800	13,300	882
14 (14)	47,500	7,550	…	…	3,290	4,640	16,300	13,400	957
15 (15)	55,300	7,030	…	…	3,270	4,750	17,600	13,200	1,170
16 (16)	51,900	7,040	…	…	2,950	5,740	31,800	14,200	1,420
17 (17)	50,800	7,140	…	…	2,440	5,650	34,700	13,000	1,310
18 (18)	50,200	…	…	…	…	…	34,100	13,300	…
19 (19)	50,500	…	…	…	…	…	31,700	11,800	…
20 (20)	43,900	…	…	…	…	…	30,300	9,010	…
21 (21)	38,500	…	…	…	…	…	29,800	7,890	…
22 (22)	34,900	…	…	…	…	…	27,200	7,590	…
23 (23)	34,700	…	…	…	…	…	29,800	7,210	…
24 (24)	34,200	4,900	…	…	620	2,880	30,800	6,730	615
25 (25)	35,400	4,920	…	…	685	2,890	34,000	6,900	735
26 (26)	35,800	5,100	…	…	727	2,940	35,700	7,270	732
27 (27)	36,200	5,570	…	…	741	2,920	37,300	7,560	776
28 (28)	36,600	5,820	…	…	758	3,020	41,500	8,900	778
29 (29)	38,600	6,140	…	…	764	3,080	44,400	9,550	828
30 (30)	39,400	6,180	…	…	742	2,800	47,100	10,900	761
31 (31)	43,800	7,290	…	…	725	3,080	50,700	13,100	790
32 (32)	47,300	7,680	…	…	685	3,590	54,700	14,600	790
33 (33)	49,400	8,300	…	…	656	3,780	57,200	15,400	783
34 (34)	55,800	8,880	…	…	636	4,050	60,300	16,200	958
35 (35)	63,100	10,100	…	…	638	4,690	61,900	17,100	1,140
36 (36)	71,100	11,400	…	…	702	5,430	63,500	18,200	1,450
37 (37)	79,900	12,300	…	…	718	6,060	64,700	18,900	1,660
38 (38)	89,700	13,200	…	…	701	6,860	65,300	19,000	1,820
39 (39)	101,300	13,900	…	…	699	7,570	65,300	19,000	1,910
40 (40)	115,200	15,000	…	…	715	8,070	65,600	19,100	1,930
41 (41)	126,800	16,300	…	…	708	8,730	65,600	19,000	1,940
42 (42)	139,300	17,300	…	…	676	9,580	65,200	18,600	1,800
43 (43)	150,900	18,100	…	…	744	10,400	63,500	18,400	1,690
44 (44)	158,600	18,400	…	…	700	11,100	61,200	18,100	1,570
45 (45)	163,000	18,100	4,860	1,130	797	11,800	59,600	18,100	1,430
46 (46)	167,100	17,600	5,460	1,280	844	12,900	59,000	18,100	1,330
47 (47)	171,300	16,900	6,020	1,360	862	13,700	58,200	18,300	1,270
48 (48)	173,100	16,800	6,460	1,650	879	14,600	56,900	18,700	1,240
49 (49)	172,400	16,500	6,750	1,800	942	15,700	55,000	19,000	1,240
50 (50)	169,400	16,300	6,960	2,120	1,110	16,500	53,200	19,100	1,150
51 (51)	164,000	16,200	7,390	2,990	1,580	18,200	51,400	19,100	1,110
52 (52)	158,600	15,900	7,770	3,520	1,870	19,300	50,700	19,200	994
53 (53)	153,200	15,700	8,210	4,510	2,320	20,900	50,700	19,400	937
54 (54)	147,500	15,600	8,780	5,680	3,130	22,900	50,700	19,700	886
55 (55)	139,600	15,600	9,420	7,670	3,800	25,900	51,200	19,900	851
56 (56)	132,600	15,200	9,840	9,460	4,440	28,500	52,000	20,100	783
57 (57)	125,900	14,600	9,890	10,300	4,810	9,670	53,100	20,300	743
58 (58)	120,700	14,100	9,930	10,700	4,970	10,200	53,900	20,400	726
59 (59)	116,400	13,500	9,820	11,300	5,060	10,400	54,300	20,400	716
60 (60)	112,500	12,800	9,680	11,700	5,020	10,700	54,400	20,500	715

資料：農林水産省統計部『耕地及び作付面積統計』

注：1　昭和19年から昭和48年までは沖縄県を含まない。

2　昭和56年以前のその他かんきつ類には、はっさく及びいよかんを含む。
なお、昭和45年産から昭和56年産までのはっさく及びいよかんについて参考表示した。

単位：ha

かき	びわ	もも	すもも	おうとう	うめ	ぶどう	くり	パインアップル	キウイフルーツ	
30, 800	3, 590	9, 300	…	495	13, 700	8, 410	…	…	…	(1)
31, 400	3, 590	9, 080	…	525	14, 000	8, 110	…	…	…	(2)
32, 100	3, 670	8, 920	…	566	14, 200	8, 170	…	…	…	(3)
32, 600	3, 930	8, 870	…	590	14, 200	8, 580	…	…	…	(4)
33, 900	4, 030	8, 930	…	639	14, 300	8, 810	…	…	…	(5)
35, 000	4, 140	8, 790	…	672	14, 600	9, 200	…	…	…	(6)
36, 900	4, 320	8, 650	…	697	14, 800	9, 570	…	…	…	(7)
38, 200	4, 410	8, 640	…	744	15, 000	10, 000	…	…	…	(8)
40, 200	4, 570	8, 500	…	775	15, 400	10, 400	…	…	…	(9)
41, 400	4, 770	8, 370	…	791	15, 700	10, 500	…	…	…	(10)
43, 400	4, 780	8, 120	…	843	16, 100	10, 400	…	…	…	(11)
44, 800	4, 940	7, 960	…	859	16, 300	10, 300	…	…	…	(12)
45, 100	4, 900	7, 780	…	860	16, 700	9, 810	…	…	…	(13)
45, 800	5, 060	7, 800	…	856	17, 000	9, 420	…	…	…	(14)
45, 700	5, 040	7, 570	…	820	17, 100	8, 860	…	…	…	(15)
42, 900	5, 010	8, 630	…	1, 510	17, 000	7, 030	11, 000	…	…	(16)
42, 800	4, 710	8, 300	…	1, 480	16, 900	6, 600	11, 500	…	…	(17)
37, 800	4, 430	7, 390	…	…	16, 100	6, 100	11, 900	…	…	(18)
33, 100	3, 930	7, 070	…	…	14, 800	5, 810	9, 780	…	…	(19)
27, 600	3, 480	5, 370	…	…	12, 500	5, 020	7, 340	…	…	(20)
23, 900	3, 020	4, 630	…	…	11, 700	4, 270	7, 340	…	…	(21)
23, 800	4, 110	4, 410	…	…	11, 200	4, 340	6, 730	…	…	(22)
24, 600	2, 810	4, 390	…	…	10, 200	4, 270	7, 210	…	…	(23)
24, 800	2, 780	4, 320	…	318	10, 200	4, 150	7, 590	…	…	(24)
26, 100	2, 820	4, 740	…	341	10, 100	4, 480	7, 810	…	…	(25)
26, 500	2, 690	4, 950	…	336	10, 100	4, 750	7, 950	…	…	(26)
28, 000	2, 760	5, 750	…	388	10, 700	5, 480	7, 570	…	…	(27)
29, 700	3, 000	7, 160	…	435	11, 400	6, 360	8, 780	…	…	(28)
30, 200	3, 130	8, 280	…	456	11, 400	7, 430	9, 180	…	…	(29)
31, 100	2, 780	10, 200	…	737	8, 270	8, 240	9, 850	…	…	(30)
32, 700	2, 910	14, 000	…	876	8, 370	9, 010	10, 100	…	…	(31)
33, 800	3, 030	16, 300	…	878	8, 260	11, 000	9, 930	…	…	(32)
34, 000	2, 980	16, 900	…	944	8, 070	11, 900	9, 840	…	…	(33)
34, 400	3, 010	18, 100	…	1, 050	8, 100	13, 700	9, 730	…	…	(34)
35, 200	3, 060	19, 200	…	1, 080	8, 330	15, 200	9, 960	…	…	(35)
36, 700	3, 110	20, 100	…	1, 280	8, 670	17, 500	11, 000	…	…	(36)
37, 300	3, 170	20, 600	…	1, 410	9, 140	19, 400	12, 300	…	…	(37)
37, 500	3, 180	20, 700	…	1, 500	9, 730	20, 900	16, 100	…	…	(38)
37, 900	3, 090	21, 000	…	1, 580	10, 600	21, 700	22, 600	…	…	(39)
38, 300	3, 020	21, 000	…	1, 640	11, 900	22, 600	27, 100	…	…	(40)
38, 500	2, 930	21, 400	…	1, 690	13, 400	22, 900	29, 800	…	…	(41)
38, 400	2, 770	21, 600	…	1, 620	14, 700	23, 100	33, 500	…	…	(42)
37, 800	2, 730	21, 400	…	1, 630	15, 300	23, 100	36, 100	…	…	(43)
36, 900	2, 640	20, 800	…	1, 660	15, 700	23, 300	37, 700	…	…	(44)
35, 900	2, 570	20, 100	…	1, 720	15, 900	23, 300	39, 000	…	…	(45)
35, 400	2, 520	19, 500	…	2, 170	16, 200	24, 200	40, 500	…	…	(46)
34, 500	2, 420	18, 600	…	2, 560	16, 400	25, 500	41, 700	…	…	(47)
33, 400	2, 370	18, 100	…	2, 700	16, 400	26, 800	43, 200	…	…	(48)
32, 700	2, 350	17, 600	…	2, 790	16, 300	28, 200	44, 200	4, 610	…	(49)
31, 900	2, 350	17, 200	…	2, 880	16, 300	29, 200	44, 300	3, 600	…	(50)
30, 800	2, 350	16, 800	…	2, 880	16, 000	29, 600	43, 600	2, 960	…	(51)
29, 800	2, 360	16, 400	…	2, 830	15, 600	29, 900	43, 300	2, 800	…	(52)
29, 400	2, 370	16, 300	…	2, 850	15, 500	29, 900	43, 200	2, 830	…	(53)
29, 300	2, 380	16, 400	…	2, 820	15, 800	30, 300	43, 800	3, 000	…	(54)
29, 400	2, 420	16, 500	2, 980	2, 780	15, 900	30, 300	44, 100	3, 200	…	(55)
29, 500	2, 460	16, 600	3, 050	2, 720	16, 000	29, 900	43, 800	3, 330	…	(56)
29, 600	2, 510	16, 300	3, 220	2, 620	16, 200	29, 600	43, 500	2, 870	…	(57)
29, 700	2, 510	16, 100	3, 330	2, 600	16, 400	29, 300	43, 300	2, 470	…	(58)
29, 700	2, 540	15, 700	3, 460	2, 590	16, 500	28, 800	42, 900	2, 230	…	(59)
29, 800	2, 580	15, 300	3, 650	2, 630	16, 800	28, 400	42, 200	2, 260	…	(60)

1　全国の栽培面積の推移（続き）

年次	みかん	なつみかん	はっさく	いよかん	ネーブルオレンジ	その他かんきつ類	りんご	日本なし	西洋なし
昭和 61年 (61)	108, 400	12, 100	9, 400	12, 300	4, 840	11, 000	54, 700	20, 500	709
62 (62)	105, 100	11, 500	9, 030	12, 400	4, 670	11, 200	54, 800	20, 500	737
63 (63)	101, 000	10, 800	8, 500	12, 700	4, 420	11, 400	54, 800	20, 600	803
平成 元 年 (64)	85, 600	9, 100	6, 920	12, 600	4, 080	11, 700	54, 300	20, 500	890
2 (65)	80, 800	8, 190	6, 300	12, 400	3, 790	12, 100	53, 900	20, 300	1, 060
3 (66)	78, 300	7, 460	5, 700	12, 100	3, 540	12, 500	53, 400	20, 100	1, 160
4 (67)	76, 500	7, 020	5, 360	11, 800	3, 240	12, 800	52, 700	19, 900	1, 310
5 (68)	74, 800	6, 600	4, 950	11, 600	2, 940	13, 100	52, 000	19, 700	1, 460
6 (69)	72, 500	6, 140	4, 630	11, 200	2, 630	13, 400	51, 200	19, 400	1, 550
7 (70)	70, 500	5, 760	4, 420	10, 800	2, 340	13, 900	50, 600	19, 100	1, 640
8 (71)	68, 000	5, 400	4, 180	10, 400	2, 100	14, 200	49, 900	18, 800	1, 700
9 (72)	66, 000	5, 060	3, 940	10, 000	1, 920	14, 200	49, 300	18, 500	1, 780
10 (73)	64, 200	4, 860	3, 720	9, 730	1, 720	14, 400	48, 300	18, 200	1, 870
11 (74)	63, 100	4, 630	3, 540	9, 500	1, 570	14, 600	47, 500	18, 000	1, 920
12 (75)	61, 700	4, 350	3, 370	9, 050	1, 450	14, 900	46, 800	17, 700	1, 950
13 (76)	59, 700	4, 140	3, 130	8, 520	1, 330	15, 100	45, 900	17, 400	1, 950
14 (77)	58, 400	3, 980	2, 970	8, 060	1, 260	15, 400	45, 000	17, 000	1, 950
15 (78)	57, 100	3, 850	2, 880	7, 650	1, 210	15, 600	44, 100	16, 500	1, 940
16 (79)	55, 700	3, 700	2, 780	7, 200	1, 130	15, 900	43, 700	16, 200	1, 920
17 (80)	54, 800	3, 570	2, 710	6, 850	1, 060	16, 200	43, 200	15, 900	1, 940
18 (81)	53, 500	3, 380	2, 580	6, 410	960	16, 700	42, 600	15, 600	1, 910
19 (82)	52, 400	…	…	…	…	29, 600	42, 100	15, 200	1, 870
20 (83)	51, 200	…	…	…	…	29, 100	41, 700	15, 000	1, 840
21 (84)	49, 900	…	…	…	…	28, 700	41, 100	14, 700	1, 800
22 (85)	48, 900	…	…	…	…	28, 400	40, 500	14, 400	1, 760
23 (86)	48, 000	…	…	…	…	28, 000	40, 100	14, 200	1, 680
24 (87)	47, 200	…	…	…	…	27, 700	39, 700	13, 800	1, 660
25 (88)	46, 300	…	…	…	…	27, 500	39, 200	13, 500	1, 650
26 (89)	45, 400	…	…	…	…	27, 200	38, 900	13, 200	1, 630
27 (90)	44, 600	…	…	…	…	26, 700	38, 600	12, 800	1, 580
28 (91)	43, 800	…	…	…	…	26, 300	38, 300	12, 500	1, 570
29 (92)	42, 800	…	…	…	…	26, 000	38, 100	12, 100	1, 550
30 (93)	41, 800	…	…	…	…	25, 500	37, 700	11, 700	1, 530

注：3　平成19年からなつみかん、はっさく、いよかん及びネーブルオレンジの個別の調査を廃止し、その他かんきつ類に含めた。

単位：ha

かき	びわ	もも	すもも	おうとう	うめ	ぶどう	くり	パインアップル	キウイフルーツ	
29,600	2,640	15,000	3,720	2,640	16,900	28,000	41,400	2,160	3,660	(61)
29,500	2,650	14,700	3,830	2,640	17,100	27,500	40,600	1,990	4,370	(62)
29,300	2,680	14,500	3,940	2,720	17,300	27,100	39,300	1,840	4,730	(63)
29,500	2,750	14,300	4,140	2,870	18,000	26,800	38,300	1,800	5,100	(64)
29,500	2,810	13,900	4,230	3,050	18,700	26,300	37,600	1,740	5,210	(65)
29,300	2,800	13,500	4,240	3,250	18,900	25,900	36,700	1,640	5,250	(66)
28,900	2,770	13,300	4,250	3,410	19,200	25,500	35,500	1,470	4,950	(67)
28,600	2,690	12,900	4,260	3,570	19,300	25,100	34,400	1,380	4,720	(68)
28,200	2,620	12,500	4,160	3,680	19,400	24,500	33,300	1,310	4,440	(69)
27,800	2,570	12,100	4,020	3,850	19,300	24,000	32,100	1,210	4,150	(70)
27,500	2,530	11,900	3,890	4,010	19,100	23,400	31,100	1,120	3,880	(71)
27,100	2,470	11,900	3,790	4,080	19,100	22,800	30,000	917	3,580	(72)
26,700	2,420	11,900	3,680	4,230	19,000	22,200	29,200	788	3,330	(73)
26,400	2,340	11,800	3,610	4,280	19,000	21,800	28,400	690	3,140	(74)
26,100	2,270	11,600	3,550	4,360	19,000	21,500	27,800	658	3,000	(75)
25,700	2,200	11,500	3,490	4,450	18,900	21,200	27,000	637	2,880	(76)
25,500	2,110	11,400	3,470	4,500	18,800	20,900	26,200	592	2,780	(77)
25,300	2,050	11,300	3,450	4,600	18,700	20,600	25,700	614	2,720	(78)
25,100	1,980	11,300	3,400	4,660	18,600	20,400	25,200	606	2,660	(79)
24,800	1,930	11,300	3,360	4,800	18,600	20,200	24,800	605	2,620	(80)
24,600	1,820	11,200	3,310	4,910	18,700	20,000	24,300	613	2,590	(81)
24,300	1,780	11,200	3,260	4,960	18,700	19,800	23,800	592	2,570	(82)
24,000	1,760	11,100	3,240	4,950	18,500	19,600	23,300	561	2,510	(83)
23,600	1,730	11,000	3,200	4,900	18,200	19,400	22,900	557	2,460	(84)
23,200	1,690	10,900	3,180	4,880	18,000	19,000	22,500	537	2,400	(85)
23,000	1,650	10,800	3,160	4,850	17,700	18,800	22,100	522	2,370	(86)
22,600	1,600	10,700	3,150	4,840	17,400	18,600	21,700	515	2,320	(87)
22,300	1,530	10,700	3,110	4,840	17,200	18,500	21,200	477	2,280	(88)
21,900	1,490	10,600	3,080	4,830	17,000	18,300	20,800	493	2,230	(89)
21,400	1,440	10,600	3,050	4,820	16,700	18,100	20,300	530	2,180	(90)
20,900	1,360	10,500	3,010	4,740	16,400	18,000	19,800	540	2,130	(91)
20,300	1,270	10,400	3,000	4,700	15,900	18,000	19,300	542	2,100	(92)
19,700	1,190	10,400	2,960	4,690	15,600	17,900	18,900	565	2,090	(93)

2　平成30年の都道府県別の栽培面積

全国農業地域・都道府県		みかん	その他かんきつ類	りんご	日本なし	西洋なし	かき	びわ
全国	(1)	41,800	25,500	37,700	11,700	1,530	19,700	1,190
(全国農業地域)								
北海道	(2)	…	…	575	…	…	…	…
都府県	(3)	…	…	…	…	…	…	…
東北	(4)	…	…	28,200	…	…	…	…
北陸	(5)	…	…	…	797	…	1,380	…
関東・東山	(6)	…	…	…	…	…	…	…
東海	(7)	…	…	…	…	…	3,240	…
近畿	(8)	…	…	…	…	…	…	…
中国	(9)	…	…	…	…	…	…	…
四国	(10)	8,040	10,700	…	…	…	…	…
九州	(11)	12,800	…	…	…	…	…	…
沖縄	(12)	…	…	…	…	…	…	…
(都道府県)								
北海道	(13)	…	…	575	…	…	…	…
青森	(14)	…	…	20,600	…	143	…	…
岩手	(15)	…	…	2,460	…	…	…	…
宮城	(16)	…	…	193	152	…	322	…
秋田	(17)	…	…	1,370	187	…	…	…
山形	(18)	…	…	2,280	126	884	830	…
福島	(19)	…	…	1,260	890	38	1,080	…
茨城	(20)	…	…	…	998	…	380	…
栃木	(21)	…	…	…	765	…	…	…
群馬	(22)	…	…	428	214	…	…	…
埼玉	(23)	…	…	…	366	…	…	…
千葉	(24)	100	…	…	1,480	…	…	154
東京	(25)	…	…	…	94	…	…	…
神奈川	(26)	1,200	…	…	240	…	…	…
新潟	(27)	…	…	…	420	113	655	…
富山	(28)	…	…	107	171	…	277	…
石川	(29)	…	…	50	139	…	313	…
福井	(30)	…	…	…	67	…	136	…
山梨	(31)	…	…	56	…	…	615	…
長野	(32)	…	…	7,580	746	95	687	…
岐阜	(33)	…	…	85	119	…	1,270	…
静岡	(34)	5,580	983	…	…	…	427	…
愛知	(35)	1,370	…	…	355	…	1,140	…
三重	(36)	1,120	352	…	…	…	402	…
滋賀	(37)	…	…	…	57	…	…	…
京都	(38)	…	…	…	84	…	…	…
大阪	(39)	720	…	…	…	…	…	…
兵庫	(40)	166	…	…	65	…	…	42
奈良	(41)	…	…	…	…	…	1,820	…
和歌山	(42)	7,500	2,230	…	…	…	2,560	38
鳥取	(43)	…	…	…	778	…	270	…
島根	(44)	…	…	…	…	…	313	…
岡山	(45)	…	…	…	…	…	394	…
広島	(46)	1,930	1,480	87	140	…	369	…
山口	(47)	705	446	…	178	…	…	…
徳島	(48)	786	965	…	216	…	…	…
香川	(49)	1,120	315	…	39	…	185	73
愛媛	(50)	5,800	7,720	…	…	…	612	66
高知	(51)	336	1,740	…	…	…	…	40
福岡	(52)	1,280	…	…	387	…	1,280	…
佐賀	(53)	2,330	…	…	214	…	…	…
長崎	(54)	2,970	…	…	62	…	…	406
熊本	(55)	3,940	2,530	…	503	…	372	30
大分	(56)	720	1,140	…	367	…	…	51
宮崎	(57)	685	660	…	…	…	…	…
鹿児島	(58)	921	1,980	…	…	…	…	125
沖縄	(59)	…	…	…	…	…	…	…

資料：農林水産省統計部『耕地及び作付面積統計』

単位:ha

も　も	すもも	おうとう	う　め	ぶどう	く　り	パイン アップル	キウイ フルーツ	
10,400	2,960	4,690	15,600	17,900	18,900	565	2,090	(1)
…	161	556	…	1,220	…	…	…	(2)
…	…	…	…	…	…	…	…	(3)
…	…	…	…	…	…	…	…	(4)
…	…	…	…	…	…	…	…	(5)
…	…	…	…	…	…	…	…	(6)
…	…	…	…	…	…	…	…	(7)
…	…	…	…	…	…	…	…	(8)
…	…	…	…	…	…	…	…	(9)
…	…	…	…	…	…	…	…	(10)
…	…	…	…	…	…	…	…	(11)
…	…	…	…	…	…	563	…	(12)
…	161	556	…	1,220	…	…	…	(13)
…	109	…	…	446	…	…	…	(14)
…	…	…	…	366	…	…	…	(15)
…	…	…	405	…	…	…	…	(16)
…	…	94	…	203	216	…	…	(17)
666	258	3,040	…	1,550	…	…	…	(18)
1,790	152	…	395	281	…	…	…	(19)
…	…	…	420	251	3,510	…	38	(20)
…	…	…	289	…	514	…	60	(21)
…	…	…	961	137	…	…	77	(22)
…	…	…	299	169	672	…	…	(23)
…	…	…	281	…	414	…	49	(24)
…	…	…	…	…	451	…	…	(25)
…	…	…	362	…	453	…	136	(26)
223	…	…	…	253	…	…	30	(27)
…	…	…	…	33	…	…	…	(28)
…	…	…	…	164	134	…	…	(29)
…	…	…	491	…	…	…	…	(30)
3,400	880	341	386	4,080	…	…	56	(31)
1,070	385	…	423	2,460	261	…	…	(32)
70	…	…	…	…	450	…	…	(33)
…	…	…	240	…	244	…	120	(34)
…	…	…	397	464	…	…	33	(35)
…	…	…	265	…	…	…	…	(36)
…	…	…	…	59	…	…	…	(37)
…	…	…	…	…	424	…	…	(38)
…	…	…	…	419	144	…	…	(39)
…	…	…	…	274	561	…	…	(40)
…	…	…	305	…	…	…	…	(41)
749	292	…	5,410	…	…	…	156	(42)
…	…	…	…	66	…	…	…	(43)
…	…	…	…	239	99	…	…	(44)
665	…	…	…	1,220	330	…	…	(45)
…	…	…	288	285	…	…	39	(46)
…	…	…	229	…	720	…	30	(47)
…	…	…	137	…	…	…	33	(48)
200	…	…	…	186	55	…	60	(49)
76	…	…	…	154	2,100	…	404	(50)
…	…	…	…	…	…	…	…	(51)
…	68	…	253	763	228	…	292	(52)
…	…	…	…	…	…	…	60	(53)
…	…	…	…	…	…	…	…	(54)
…	…	…	…	…	2,600	…	…	(55)
…	…	…	265	300	414	…	51	(56)
…	…	…	…	163	822	…	…	(57)
…	76	…	232	…	…	…	…	(58)
…	…	…	…	…	…	563	…	(59)

3　平成30年に日本列島に上陸・接近した主な台風経路図

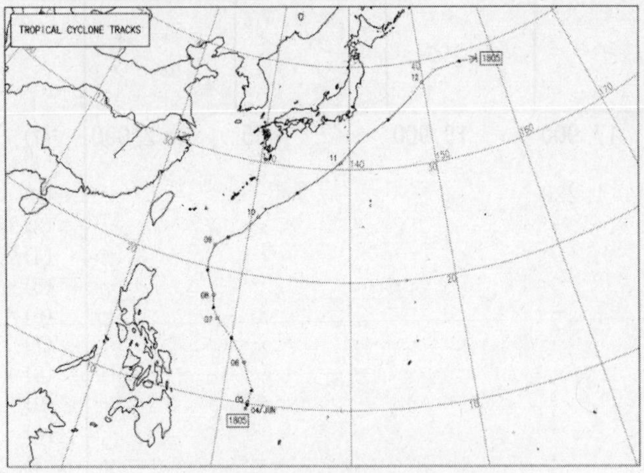

台風第５号(接近)【６月】

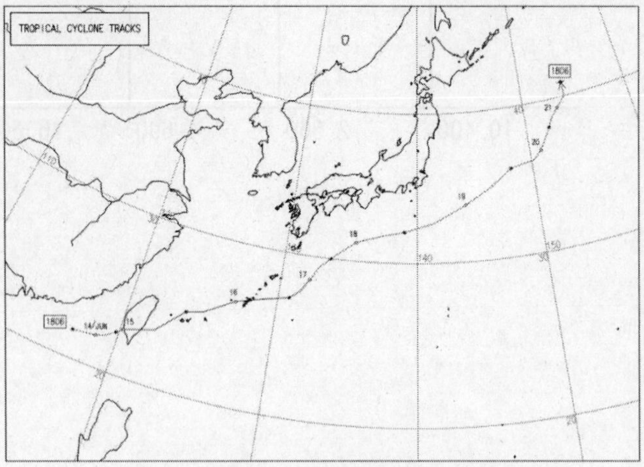

台風第６号(接近)【６月】

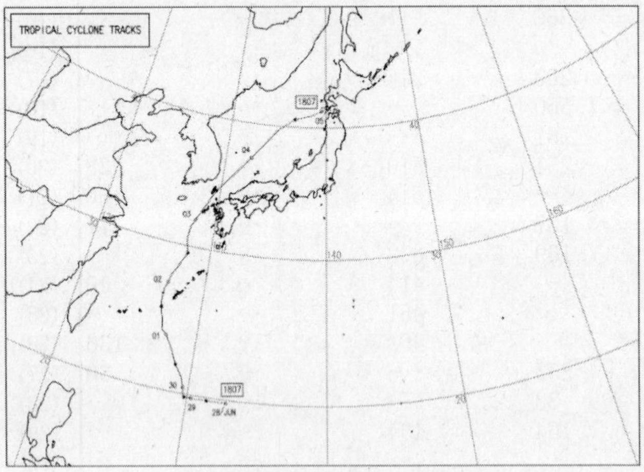

台風第７号(接近)【６月】

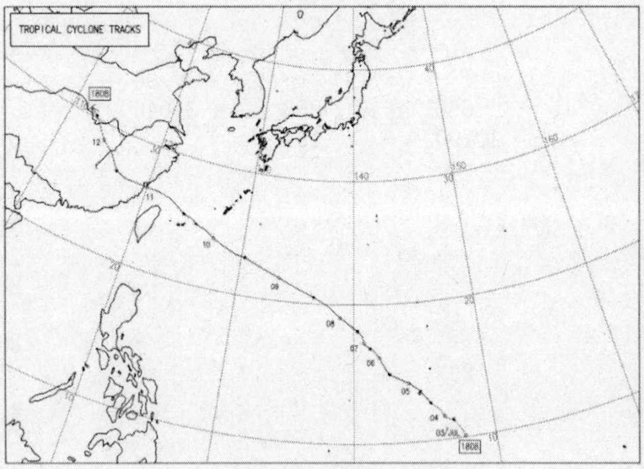

台風第８号(接近)【７月】

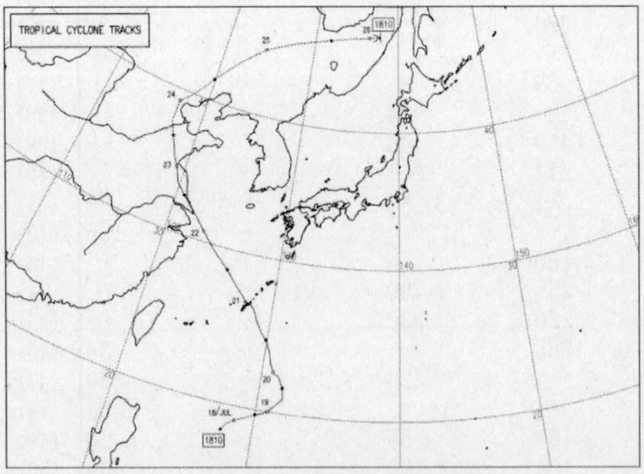

台風第10号(接近)【７月】

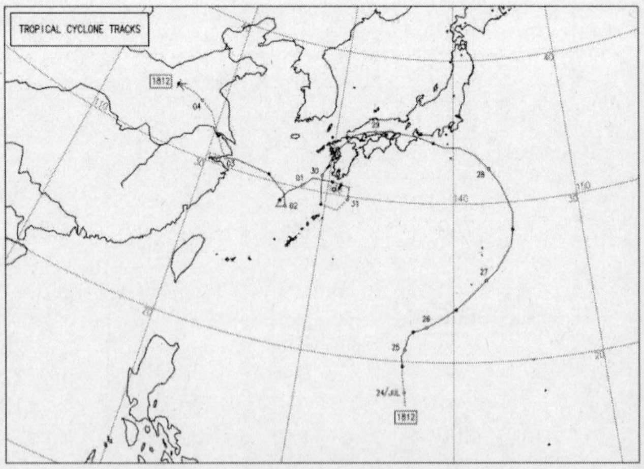

台風第12号(上陸)【７月】

注：１　気象庁「台風経路図　平成30年（2018年）」より、平成30年に日本列島に上陸・接近した台風の台風経路図を引用した。
　：２　【】内は台風の発生した月を示している。
　：３　経路上の○印は傍らに記した日の午前９時、●印は午後９時の位置で→|は消滅を示している。また、経路の実線は台風、破線は熱帯低気圧・温帯低気圧の期間を示している。

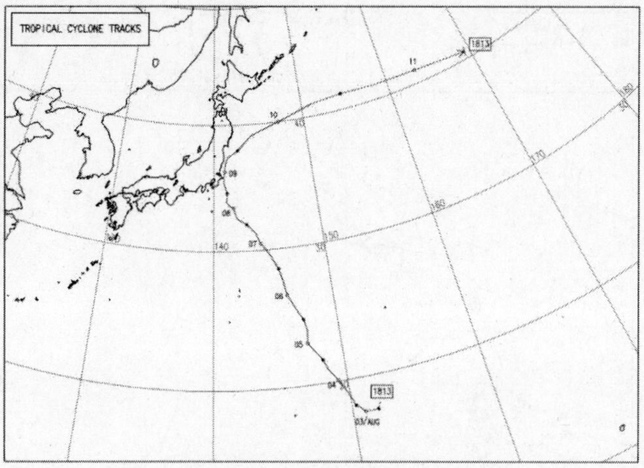

台風第 13 号(接近)【８月】

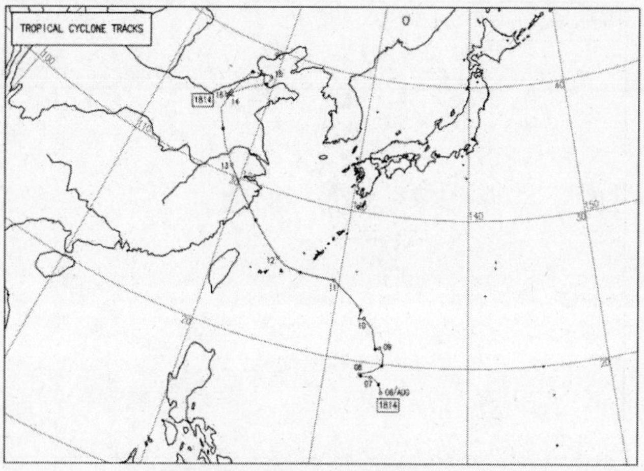

台風第 14 号(接近)【８月】

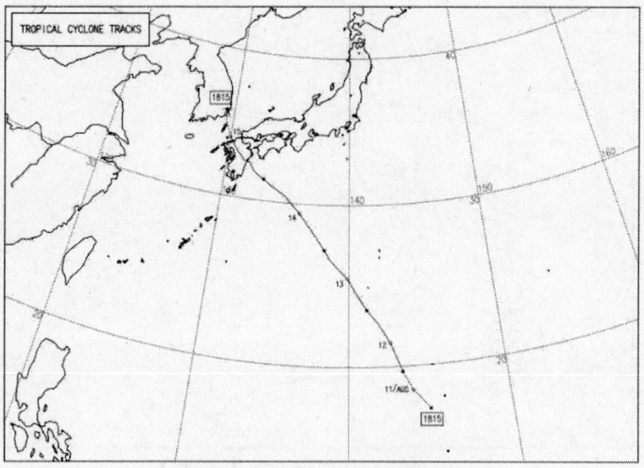

台風第 15 号(上陸)【８月】

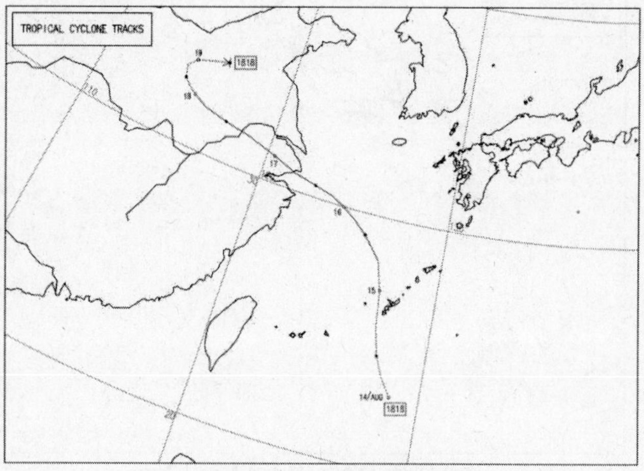

台風第 18 号(接近)【８月】

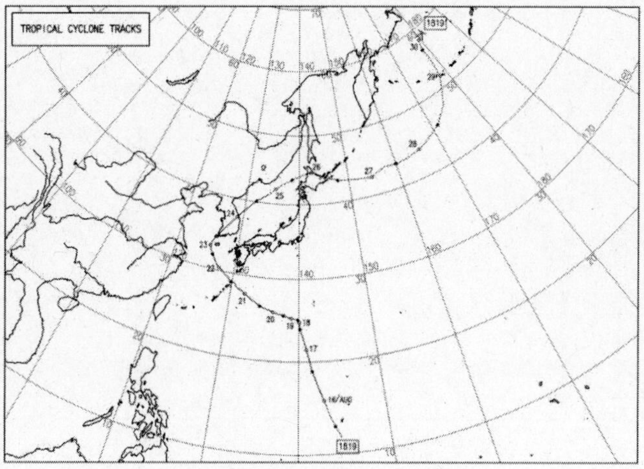

台風第 19 号(接近)【８月】

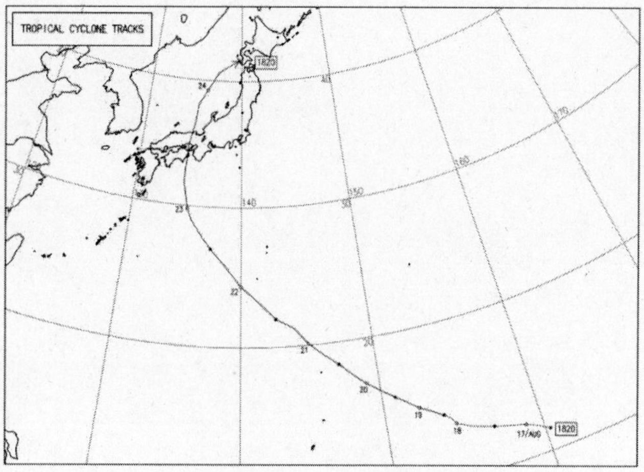

台風第 20 号(上陸)【８月】

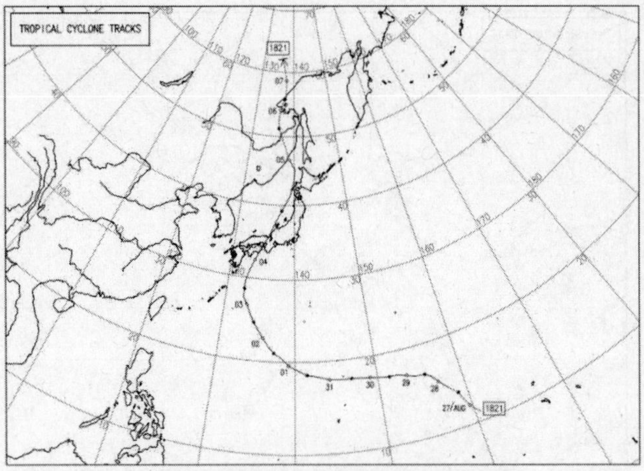

台風第 21 号(上陸)【8 月】

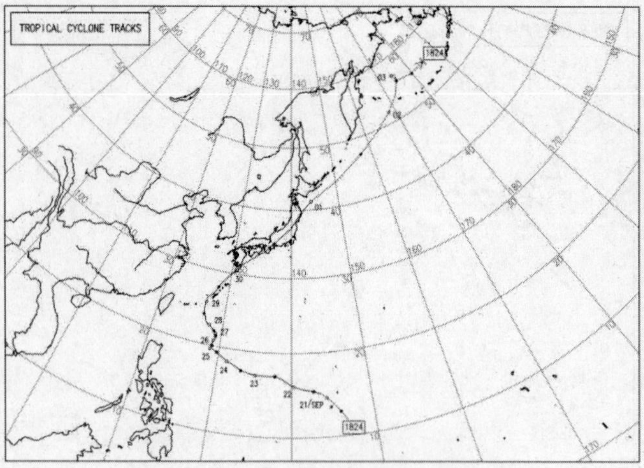

台風第 24 号(上陸)【9 月】

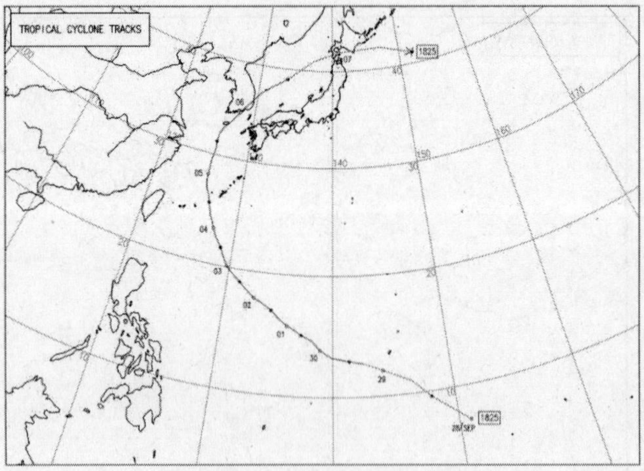

台風第 25 号(接近)【9 月】

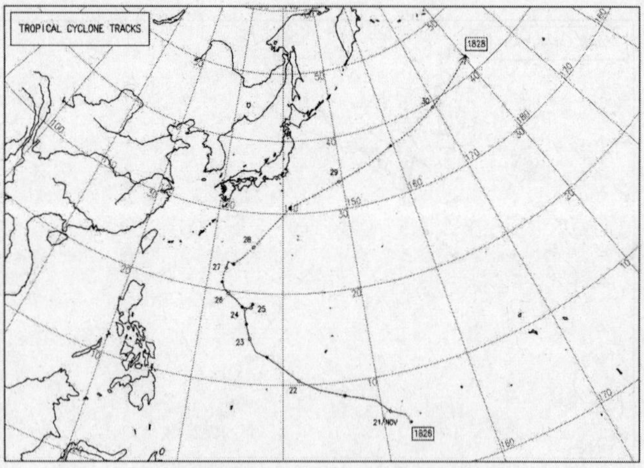

台風第 28 号(接近)【11 月】

[付]調　査　票

⇦ ⇦ ⇦ 入 力 方 向

別記様式第16号

4	3	2	2

秘
農林水産省

統計法に基づく基幹統計
作 物 統 計

政府統計

統計法に基づく国の統計調査です。調査票情報の秘密の保護に万全を期します。

年 産	都道府県	管理番号	市区町村	客体番号
2 0				

平 成　　年 産

果樹収穫量調査調査票（団体用）

○ この調査票は、秘密扱いとし、統計以外の目的に使うことは絶対ありませんので、ありのままを記入してください。

○ 黒色の鉛筆又はシャープペンシルで記入し、間違えた場合は、消しゴムできれいに消してください。

○ 調査及び調査票の記入に当たって、不明な点等がありましたら、下記の「問い合わせ先」にお問い合わせください。

★ 数字は、1マスに1つずつ、枠からはみ出さないように右づめで記入してください。

記入例	:	:	:	9	8	7	6	5	4	0

つなげる　すきまをあける

★ 該当する場合は、記入例のように点線をなぞってください。

記入例	⁄	→	／

★ マスが足りない場合は、一番左のマスにまとめて記入してください。

記入例	11	2	3

記入していただいた調査票は、　　月　　日までに提出してください。
調査票の記入及び提出は、インターネットでも可能です。
詳しくは同封の「オンライン調査システム操作ガイド」を御覧ください。

【問い合わせ先】

【１】貴団体で集荷している結果樹面積及び出荷量について

記入上の注意
- ○ 結果樹面積は栽培面積のうち生産者が本年産の果実を収穫するために結実させた面積を記入してください。
  単位は「ha」とし、小数点第一位（10a）まで記入してください。0.05ha未満の場合は「0.0」と記入してください。
- ○ 出荷量のうち加工向けについては、みかん、りんご及びパインアップルのみ記入してください。
- ○ 干し柿などの加工品として出荷した場合は、加工前の生重量に換算して記入してください。
- ○ ももはネクタリンを含み、すももはプルーンを含みます。
- ○ パインアップルの「収穫面積」は栽培面積のうち実際に収穫した面積をいいます。

品目・品種		結果樹面積（パインアップルは収穫面積）	出荷量	うち加工向け
	前年産	ha	t	t
	本年産			
	前年産	ha	t	t
	本年産			
	前年産	ha	t	t
	本年産			
	前年産	ha	t	t
	本年産			
	前年産	ha	t	t
	本年産			
	前年産	ha	t	t
	本年産			

【２】結果樹面積の増減要因について

結果樹面積の主な増減要因について記入してください。

主な増減地域と増減面積について記入してください。

【３】収穫量の増減要因等について

前年産に比べて本年産の作柄の良否、被害の多少、主な被害の要因について記入してください。
（該当のある場合は、点線を鉛筆などでなぞってください。）

品目	作柄の良否			被害の多少		
	良	並	悪	少	並	多

主な被害の要因（複数回答可）									
高温	低温	日照不足	多雨	少雨	台風	病害	虫害	鳥獣害	その他

被害以外の増減要因（品種、栽培方法などの変化）があれば、記入してください。

⇦ ⇦ ⇦ 入力方向

別記様式第20号

4	3	3	1

秘	統計法に基づく基幹統計
農林水産省	作物統計

都道府県	管理番号	市区町村	旧市区町村	農業集落	調査区	経営体	品目コード

政府統計

統計法に基づく国の統計調査です。調査票情報の秘密の保護に万全を期します。

平成　　年産

果樹収穫量調査調査票（経営体用）

○ この調査票は、秘密扱いとし、統計以外の目的に使うことは絶対ありませんので、ありのままを記入してください。
○ 黒色の鉛筆又はシャープペンシルで記入し、間違えた場合は、消しゴムできれいに消してください。
○ 調査及び調査票の記入に当たって、不明な点等がありましたら、下記の「問い合わせ先」にお問い合わせください

★ 右づめで記入し、マスが足りない場合は一番左のマスにまとめて記入してください。

★ 該当する場合は、記入例のように点線をなぞってください。

記入例	11	9	8	6	5	3
記入例	⁄	→	／			

つなげる
すきまをあける

記入していただいた調査票は、　　月　　日までに提出してください。

【問い合わせ先】

【１】本年の生産の状況について

本年の作付状況について教えてください。該当するもの1つに必ず点線をなぞって選択してください。

本年、作付けを行った	⁄
本年、作付けを行わなかった	⁄

→

【２】来年以降の栽培予定について

来年以降の作付予定について教えてください。該当するもの1つに必ず点線をなぞって選択してください。

来年以降、作付予定がある	⁄
来年以降、作付予定はない	⁄
今のところ未定	⁄
農業をやめたため、農作物を作付け（栽培）する予定はない	⁄

↓

・本年、栽培を行った方は、【３】（裏面）に進んでください。

・本年、栽培を行わなかった方はここで終了となりますので、調査票を提出していただくようお願いします。
御協力ありがとうございました。

本年、栽培を行った方のみ記入してください。

【３】結果樹面積、出荷量及び自家用等の量について

本年産の結果樹面積、出荷量及び自家用等の量について記入してください。

記入上の注意

○ 「結果樹面積」は、収穫をするために果実をならせた栽培面積をいいます。
○ パインアップルの「収穫面積」は実際に収穫した栽培面積をいいます。
○ 「出荷量」は、「箱」、「袋」、「t」等で把握されている場合は、「kg」に換算して記入してください。
（例：10kg箱で150箱出荷した場合→1,500kgと記入）
○ 「出荷量」は、共同出荷、農協や市場へ出荷したものや、消費者に直接販売したものなど、販売した全ての量を含めてください。
○ 「自家用、無償の贈与の量」は、ご家庭で消費したもの、無償で他の方にあげたものなどを指します。
○ 干し柿などの加工品として出荷した場合は、加工前の生重量に換算して記入してください。
○ ももはネクタリンを含み、すももはプルーンを含みます。
○ 1a、1kgに満たない場合は四捨五入して整数単位で記入してください。
（例：0.4a、0.4kg以下→「0」、0.5a、0.5kg以上→「1」と記入）
○ 「出荷先の割合」は、記入した「出荷量」について該当する出荷先に出荷した割合を%で記入してください。
「直売所・消費者へ直接販売」は、農協の直売所、庭先販売、宅配便、インターネット販売などをいいます。
「その他」は、仲買業者、スーパー、外食産業などを含みます。

作物名	結果樹面積（パインアップルは収穫面積）(町)(反)(畝) ha a	収穫量	
		出荷量（販売した量及び販売目的で保管している量） t kg	自家用、無償の贈与の量 t kg

○ 記入した出荷量について該当する出荷先に出荷した割合を記入してください。

【４】出荷先の割合について

作物名	加工業者	直売所・消費者へ直接販売	市場	農協以外の集出荷団体	農協	その他	合計
	%	%	%	%	%	%	100%

【５】作柄及び被害の状況について

前年産に比べて本年産の作柄の良否、被害の多少、主な被害の要因について該当する項目の点線をなぞってください。

作物名	作柄の良否			被害の多少			主な被害の要因（複数回答可）									
	良	並	悪	少	並	多	高温	低温	日照不足	多雨	少雨	台風	病害	虫害	鳥獣害	その他

調査はここで終了です。御協力ありがとうございました。

平成30年産　果樹生産出荷統計

令和2年9月　発行　　　　定価は表紙に表示してあります。

編集　〒100-8950　東京都千代田区霞が関1－2－1
農林水産省大臣官房統計部

発行　〒153-0064　東京都目黒区下目黒3-9-13　目黒・炭やビル
一般財団法人　農林統計協会
振替　00190-5-70255　TEL 03(3492)2987

ISBN978-4-541-04323-8 C3061

夏休《なつやす》みドリル

算数《さんすう》

小学《しょうがく》2年《ねん》

ドリルを　やり
おわったら、とく点《てん》を
書《か》いて、シールを
はりましょう。

もくじ

算数《さんすう》 1

月《がつ》　日《にち》

たし算《ざん》 —1年《ねん》の　おさらい—

1 計算《けいさん》を　しましょう。　1つ3点→18点

① 9＋7＝□　② 5＋7＝□

③ 8＋9＝□　④ 3＋8＝□

⑤ 6＋7＝□　⑥ 8＋7＝□

2 いちごを　朝《あさ》に　6こ、夜《よる》に　8こ　食《た》べました。
合《あ》わせて　何《なん》こ　食《た》べたでしょう。　しき3点、答え3点→6点

しき

答《こた》え □

3 上《うえ》と　下《した》で、答《こた》えが　同《おな》じに　なる　しきを
線《せん》で　むすびましょう。　1つ4点→16点

2＋9　9＋6　4＋8　4＋9

7＋8　5＋8　7＋4　7＋5

1年《ねん》で　ならった
たし算《さん》の　おさらいだよ。

とく点《てん》

点《てん》

シール

4 計算《けいさん》を　しましょう。

1つ3点→18点

① 20 + 8 = □　　② 60 + 40 = □

③ 34 + 5 = □　　④ 7 + 61 = □

⑤ 50 + 30 = □　　⑥ 43 + 4 = □

5 答《こた》えが　大《おお》きいほうの　□に　○を　書《か》きましょう。

1つ4点→24点

① 82 + 7 □ / 50 + 40 □

② 5 + 33 □ / 6 + 30 □

③ 9 + 8 □ / 4 + 11 □

④ 30 + 20 □ / 7 + 50 □

⑤ 60 + 40 □ / 80 + 8 □

⑥ 42 + 6 □ / 30 + 40 □

6 答《こた》えが　13に　なるように　□に　数字《すうじ》を　入《い》れましょう。

1つ3点→18点

① 9 + □ = 13　　② □ + 5 = 13

③ □ + 7 = 13　　④ 4 + □ = 13

⑤ □ + 8 = 13　　⑥ □ + 6 = 13

月《がつ》　日《にち》

ひき算《ざん》 —1年《ねん》の　おさらい—

1 計算《けいさん》を　しましょう。　1つ3点→18点

① 16－9＝□　　② 14－8＝□

③ 18－9＝□　　④ 11－9＝□

⑤ 12－7＝□　　⑥ 15－7＝□

2 風船《ふうせん》が　13こ　あります。9こ　われて　しまいました。
のこりは　なんこですか。　しき3点、答え3点→6点

しき ＿＿＿＿＿＿＿＿　　答《こた》え □

3 上《うえ》と　下《した》で、答《こた》えが　同《おな》じに　なる　しきを
線《せん》で　むすびましょう。　1つ4点→16点

11－7	12－7	14－8	17－9

15－9	13－9	16－8	14－9

1年《ねん》で　ならった
ひき算《さん》の　おさらいだよ。

とく点《てん》
点《てん》

シール

4 計算《けいさん》を　しましょう。

1つ3点→18点

① $40-20=$ □

② $70-30=$ □

③ $58-8=$ □

④ $37-4=$ □

⑤ $69-7=$ □

⑥ $100-40=$ □

5 答《こた》えが　小《ちい》さいほうの　□に　○を　書《か》きましょう。

1つ4点→24点

①	$16-7$	□
	$18-8$	□
②	$90-80$	□
	$50-30$	□
③	$17-9$	□
	$14-8$	□
④	$87-3$	□
	$100-20$	□
⑤	$60-20$	□
	$70-40$	□
⑥	$18-9$	□
	$19-6$	□

6 答《こた》えが　7に　なるように　□に　数字《すうじ》を　入《い》れましょう。

1つ3点→18点

① $11-$ □ $=7$

② □ $-6=7$

③ □ $-8=7$

④ $14-$ □ $=7$

⑤ $16-$ □ $=7$

⑥ □ $-5=7$

月《がつ》　日《にち》

ひょうと　グラフ

1 絵《え》を　見《み》て、下《した》の　もんだいに　答《こた》えましょう。

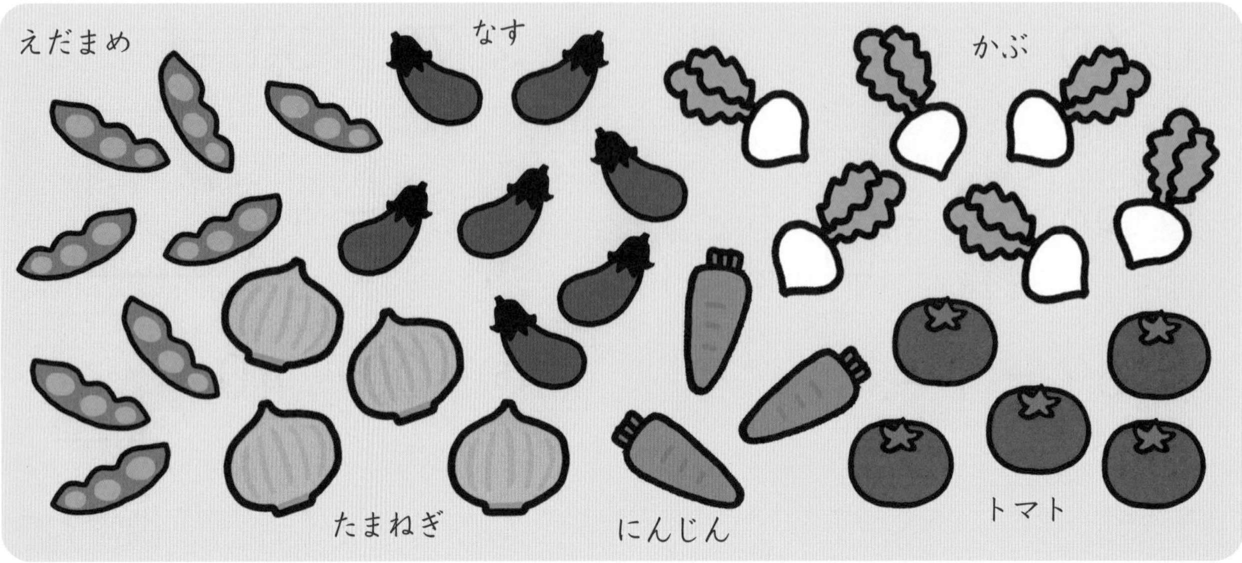

① 野《や》さいの　数《かず》を　下《した》の　グラフに　○で　あらわしましょう。

野《や》さいの　数《かず》しらべ

1つ5点→25点

○					
○					
○					
○					
○					
トマト	にんじん	かぶ	えだまめ	たまねぎ	なす

② 野《や》さいの　数《かず》を　下《した》の　ひょうに　書《か》きましょう。

1つ4点→20点

トマト	にんじん	かぶ	えだまめ	たまねぎ	なす
5					

グラフに　あらわすと
数《かず》の　ちがいが、
ひょうに　あらわすと
数《かず》が、ひと目《め》で　わかるよ。

とく点《てん》
点《てん》

シール

2 レストランで　ちゅう文《もん》が　多《おお》かった　メニューを
しらべて、下《した》の　ひょうに　しました。

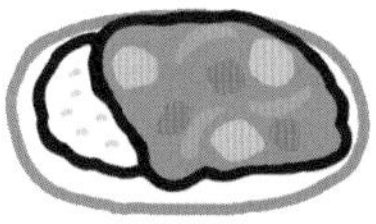			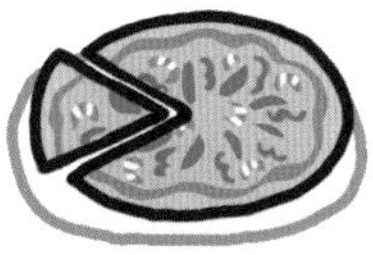	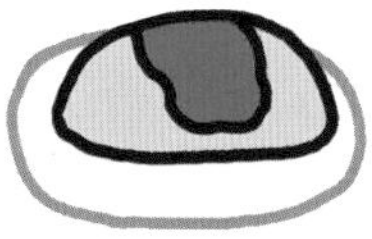
カレーライス	ハンバーグ	スパゲッティ	ピザ	オムライス
3	4	5	9	6

① ちゅう文《もん》した　人《ひと》の　数《かず》を　右《みぎ》の
グラフに　○で　あらわしましょう。

1つ5点→25点

人気《にんき》メニューしらべ

カレーライス	ハンバーグ	スパゲッティ	ピザ	オムライス

② オムライスを　ちゅう文《もん》した　人《ひと》は、
ハンバーグを　ちゅう文《もん》した　人《ひと》より
何人《なんにん》　多《おお》いでしょう。　10点

(　　　　)

③ ピザを　ちゅう文《もん》した　人《ひと》は、
カレーライスを　ちゅう文《もん》した　人《ひと》より
何人《なんにん》　多《おお》いでしょう。　10点

(　　　　)

④ スパゲッティを　ちゅう文《もん》した　人《ひと》は、
ピザを　ちゅう文《もん》した　人《ひと》より
何人《なんにん》　少《すく》ないでしょう。　10点

(　　　　)

算数《さんすう》

月《がつ》　　日《にち》

4 時《じ》こくと　時間《じかん》

1 □に　あてはまる　数《かず》を　書《か》きましょう。　1つ5点→30点

① 90分《ぷん》＝□時間《じかん》□分《ぷん》　② 1時間《じかん》20分《ぷん》＝□分《ぷん》

③ 120分《ぷん》＝□時間《じかん》　④ 2時間《じかん》30分《ぷん》＝□分《ぷん》

⑤ 100分《ぷん》＝□時間《じかん》□分《ぷん》　⑥ 1日《にち》＝□時間《じかん》

2 左《ひだり》の　時《じ》こくから　右《みぎ》の　時《じ》こくまでの　時間《じかん》は　どれだけでしょう。　1つ5点→20点

①　午前《ごぜん》　午後《ごご》

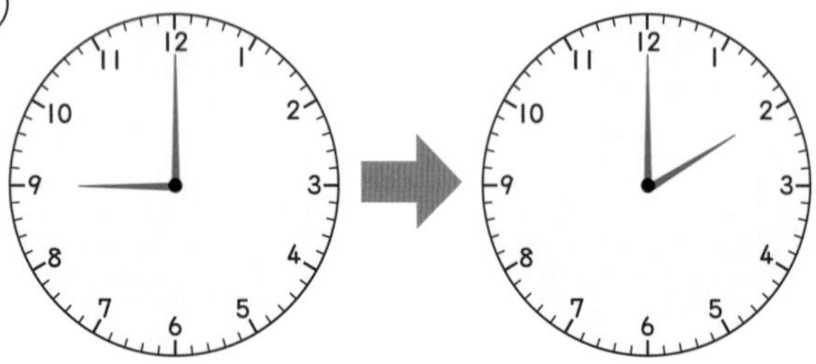

②　午前《ごぜん》　午前《ごぜん》

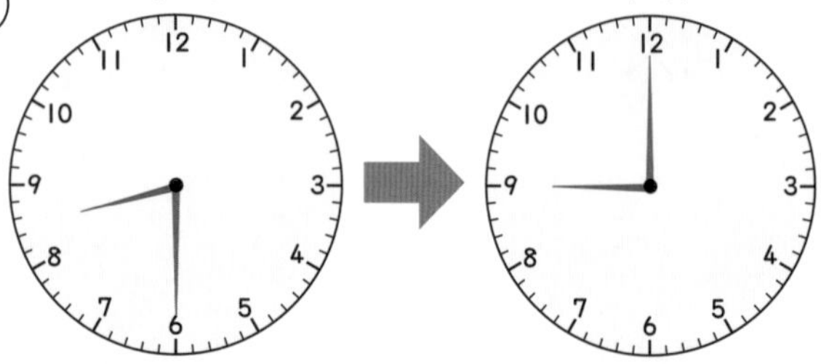

③　午後《ごご》　午後《ごご》

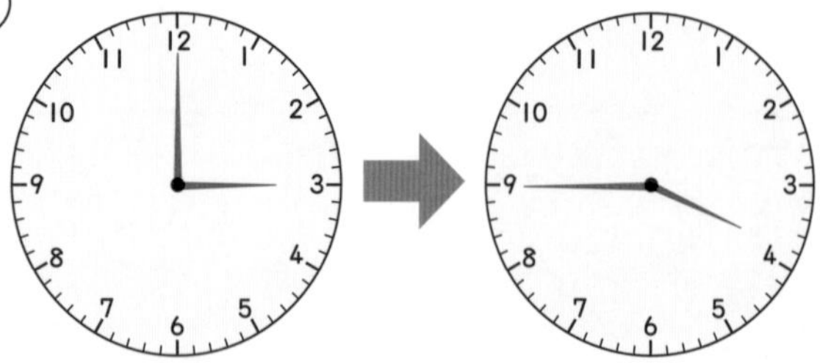

④　午前《ごぜん》　午後《ごご》

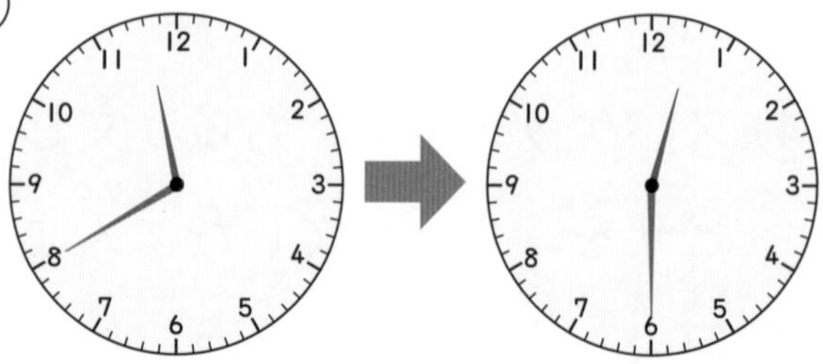

何時何分《なんじなんぷん》が 「時《じ》こく」、
時《じ》こくと 時《じ》こくの 間《あいだ》が
「時間《じかん》」だよ。

とく点《てん》

点《てん》

シール

3 時計《とけい》を 見《み》て、下《した》の ①〜③に 答《こた》えましょう。 1つ5点→15点

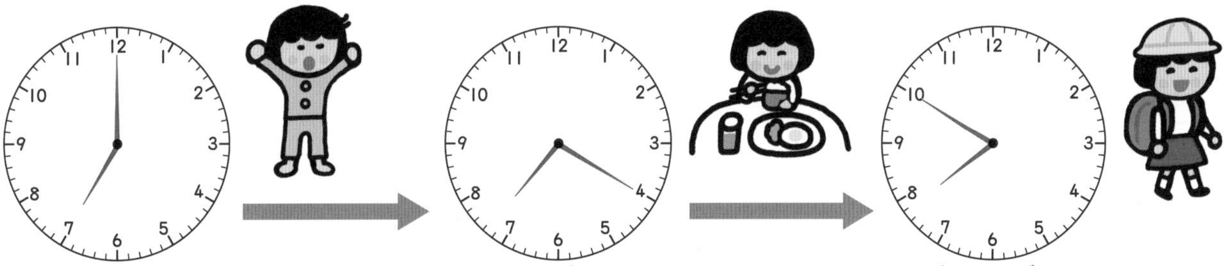

おきる　　朝《あさ》ごはんを 食《た》べはじめる　　家《いえ》を 出《で》る

① おきてから、朝《あさ》ごはんを 食《た》べはじめるまでの 時間《じかん》は

□ 分間《ぷんかん》です。

② 朝《あさ》ごはんを 食《た》べはじめてから、家《いえ》を 出《で》るまでの 時間《じかん》は

□ 分間《ぷんかん》です。

③ おきてから 家《いえ》を 出《で》るまでの 時間《じかん》は □ 分間《ぷんかん》です。

4 時計《とけい》を 見《み》て、つぎの 時《じ》こくを 答《こた》えましょう。 1つ7点→35点

午前《ごぜん》

① 1時間後《じかんあと》の 時《じ》こく　〔午前《ごぜん》　時《じ》　分《ぷん》〕

② 30分前《ぷんまえ》の 時《じ》こく　〔午前《ごぜん》　時《じ》　分《ぷん》〕

午後《ごご》

① 1時間前《じかんまえ》の 時《じ》こく　〔午後《ごご》　時《じ》　分《ふん》〕

② 30分後《ぷんあと》の 時《じ》こく　〔午後《ごご》　時《じ》　分《ふん》〕

③ 1時間後《じかんあと》の 時《じ》こく　〔午後《ごご》　時《じ》　分《ふん》〕

算数《さんすう》 5

月《がつ》　　日《にち》

たし算《ざん》の　ひっ算《さん》（1）

1 計算《けいさん》を　しましょう。　　1つ5点→30点

① $\begin{array}{r} 25 \\ +23 \\ \hline \end{array}$

② $\begin{array}{r} 53 \\ +15 \\ \hline \end{array}$

③ $\begin{array}{r} 40 \\ +32 \\ \hline \end{array}$

④ $\begin{array}{r} 12 \\ +24 \\ \hline \end{array}$

⑤ $\begin{array}{r} 38 \\ +21 \\ \hline \end{array}$

⑥ $\begin{array}{r} 61 \\ +27 \\ \hline \end{array}$

2 ひっ算《さん》で　しましょう。　　1つ5点→20点

① 40+44

	4	0
+	4	4

② 7+52

③ 23+21

④ 34+63

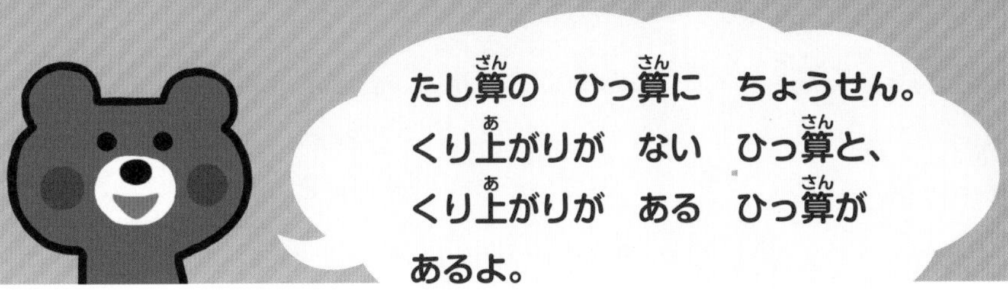

とく点《てん》

点《てん》

シール

3 計算《けいさん》を　しましょう。

1つ5点→30点

① $\begin{array}{r} 27 \\ +\ \ 5 \\ \hline \end{array}$　② $\begin{array}{r} 9 \\ +68 \\ \hline \end{array}$　③ $\begin{array}{r} 38 \\ +18 \\ \hline \end{array}$

④ $\begin{array}{r} 58 \\ +34 \\ \hline \end{array}$　⑤ $\begin{array}{r} 78 \\ +16 \\ \hline \end{array}$　⑥ $\begin{array}{r} 37 \\ +25 \\ \hline \end{array}$

4 ひっ算《さん》で　しましょう。

1つ5点→20点

① 53+38

② 27+47

③ 39+28

④ 56+27

算数《さんすう》 6

月《がつ》　日《にち》

ひき算《ざん》の　ひっ算《さん》（1）

1 計算《けいさん》を　しましょう。

1つ5点→30点

① $\begin{array}{r} 74 \\ -52 \\ \hline \end{array}$

② $\begin{array}{r} 48 \\ -24 \\ \hline \end{array}$

③ $\begin{array}{r} 39 \\ -25 \\ \hline \end{array}$

④ $\begin{array}{r} 97 \\ -63 \\ \hline \end{array}$

⑤ $\begin{array}{r} 56 \\ -15 \\ \hline \end{array}$

⑥ $\begin{array}{r} 67 \\ -32 \\ \hline \end{array}$

2 ひっ算《さん》で　しましょう。

1つ5点→20点

① 27−14

	2	7
−	1	4

② 55−12

③ 86−23

④ 67−45

とく点《てん》

点《てん》

シール

3 計算《けいさん》を　しましょう。

1つ5点→30点

① $\begin{array}{r} 43 \\ -\ \ 5 \\ \hline \end{array}$

② $\begin{array}{r} 24 \\ -\ \ 9 \\ \hline \end{array}$

③ $\begin{array}{r} 61 \\ -35 \\ \hline \end{array}$

④ $\begin{array}{r} 53 \\ -47 \\ \hline \end{array}$

⑤ $\begin{array}{r} 74 \\ -27 \\ \hline \end{array}$

⑥ $\begin{array}{r} 81 \\ -25 \\ \hline \end{array}$

4 ひっ算《さん》で　しましょう。

1つ5点→20点

① 82−34

② 71−16

③ 64−58

④ 93−29

算数《さんすう》 7

月《がつ》　日《にち》

長《なが》さ

1 下《した》の　線《せん》の　長《なが》さは　何《なん》cm何《なん》mmですか。　1つ4点→12点
ものさしで　長《なが》さを　はかりましょう。

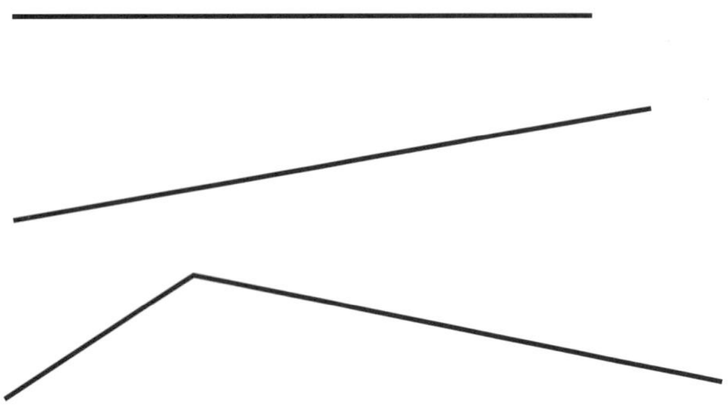

①（　　cm　　mm）

②（　　cm　　mm）

③（　　cm　　mm）

2 つぎの　長《なが》さの　直線《ちょくせん》を　ものさしを　つかって、
□に　書《か》きましょう。　1つ4点→8点

① 7cm　□

② 10cm8mm　□

3 ものさしの　㋐〜㋔の　目《め》もりは、それぞれ　いくつですか。　1つ4点→20点

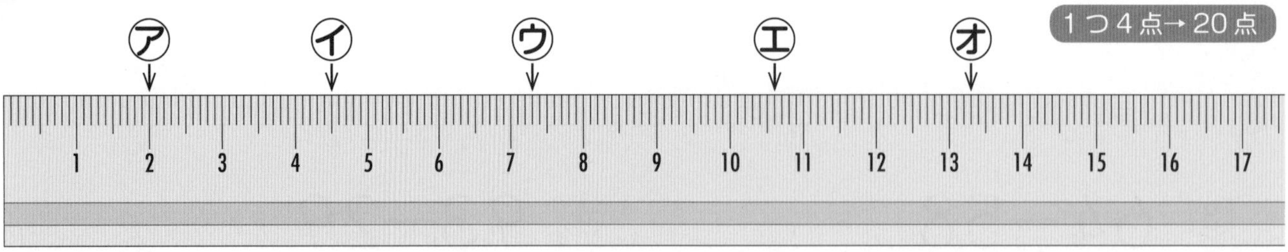

㋐（　　cm）　㋑（　　cm　　mm）　㋒（　　cm　　mm）

㋓（　　cm　　mm）　㋔（　　cm　　mm）

長《なが》さの　計算《けいさん》では、
たんいの　ちがいに　気《き》を
つけて、計算《けいさん》しよう。

とく点《てん》　　点《てん》

シール

4 □に　あてはまる　数《かず》を　書《か》きましょう。

1つ4点→32点

① 4cm＝［　　］mm

② 20mm＝［　　］cm

③ 3cm5mm＝［　　］mm

④ 68mm＝［　　cm　　mm］

⑤ 10cm7mm＝［　　］mm

⑥ 203mm＝［　　cm　　mm］

⑦ 9cm6mm＝［　　］mm

⑧ 47mm＝［　　cm　　mm］

5 計算《けいさん》を　しましょう。

1つ5点→20点

① 4cm 5mm＋3cm＝［　　cm　　mm］

② 6cm 2mm＋2cm 6mm＝［　　cm　　mm］

③ 10cm 3mm－3cm 1mm＝［　　cm　　mm］

④ 17cm 5mm－8cm 3mm＝［　　cm　　mm］

6 ひもの　長《なが》さを　はかったら、30cm と、あと　10cm5mm ありました。ひもの　長《なが》さは、何《なん》cm 何《なん》mm でしょうか。

しき4点、答え4点→8点

しき

答《こた》え［　　］

算数《さんすう》 8

月《がつ》　日《にち》

100より　大《おお》きい　数《かず》

1 色紙《いろがみ》の　数《かず》を　数字《すうじ》で　書《か》きましょう。

1つ4点→8点

①

②

2 つぎの　数《かず》を　数字《すうじ》で　書《か》きましょう。

1つ4点→12点

① 100を　6こ、10を　3こ、1を　7こ　合《あ》わせた　数《かず》 →

② 100を　4こ、10を　8こ、1を　9こ　合《あ》わせた　数《かず》 →

③ 100を　8こ、10を　4こ、1を　2こ　合《あ》わせた　数《かず》 →

3 □に　あてはまる　数《かず》を　書《か》きましょう。

1つ3点→18点

① 186は　100を　□こ、10を　□こ、1を　□こ　合《あ》わせた　数《かず》です。

② 743は　100を　□こ、10を　□こ、1を　□こ　合《あ》わせた　数《かず》です。

100や10の
まとまりが　いくつ
あるかを　かんがえよう。

とく点《てん》

点《てん》

シール

4 □に　あてはまる　数《かず》を　書《か》きましょう。　1つ3点→18点

① 238　239　□　241　242　□　244　□　246

② 550　□　650　700　□　800　850　□　950

5 つぎの　文《ぶん》を　しきに　あらわしましょう。　1つ4点→32点

① 200と　80を　合《あ》わせた　数《かず》は、280です。

□＋□＝280

② 589は、500と　80と　9を　合《あ》わせた　数《かず》です。

589＝□＋□＋□

③ 352は、300と　50と　2を　合《あ》わせた　数《かず》です。

352＝□＋□＋□

6 □に　あてはまる　＞、　＜、　＝を　書《か》きましょう。

1つ3点→12点

① 150 □ 80＋60　　② 700 □ 750－50

③ 30＋90 □ 102　　④ 150－60 □ 100

算数《さんすう》

月《がつ》　日《にち》

9 たし算《ざん》の　ひっ算《さん》（2）

1 計算《けいさん》を　しましょう。

1つ5点→30点

① $\begin{array}{r} 44 \\ +72 \\ \hline \end{array}$

② $\begin{array}{r} 83 \\ +55 \\ \hline \end{array}$

③ $\begin{array}{r} 71 \\ +78 \\ \hline \end{array}$

④ $\begin{array}{r} 97 \\ +65 \\ \hline \end{array}$

⑤ $\begin{array}{r} 68 \\ +86 \\ \hline \end{array}$

⑥ $\begin{array}{r} 92 \\ +29 \\ \hline \end{array}$

2 ひっ算《さん》で　しましょう。

1つ5点→20点

① 95+32

	9	5
+	3	2

② 73+62

③ 97+47

④ 65+87

とく点《てん》

点《てん》

シール

3 計算《けいさん》を　しましょう。

1つ5点→30点

①
$$\begin{array}{r} 87 \\ +18 \\ \hline \end{array}$$

②
$$\begin{array}{r} 39 \\ +69 \\ \hline \end{array}$$

③
$$\begin{array}{r} 189 \\ +\quad 7 \\ \hline \end{array}$$

④
$$\begin{array}{r} 352 \\ +\quad 9 \\ \hline \end{array}$$

⑤
$$\begin{array}{r} 536 \\ +\ 44 \\ \hline \end{array}$$

⑥
$$\begin{array}{r} 248 \\ +\ 26 \\ \hline \end{array}$$

4 ひっ算《さん》で　しましょう。

1つ5点→20点

① 25+76

② 49+58

③ 485+7

④ 326+59

算数《さんすう》 10

月《がつ》　　日《にち》

ひき算《ざん》の　ひっ算《さん》（2）

1 計算《けいさん》を　しましょう。　　1つ5点→30点

① $\begin{array}{r} 135 \\ -\ \ 92 \\ \hline \end{array}$　② $\begin{array}{r} 145 \\ -\ \ 83 \\ \hline \end{array}$　③ $\begin{array}{r} 124 \\ -\ \ 46 \\ \hline \end{array}$

④ $\begin{array}{r} 142 \\ -\ \ 85 \\ \hline \end{array}$　⑤ $\begin{array}{r} 102 \\ -\ \ 69 \\ \hline \end{array}$　⑥ $\begin{array}{r} 105 \\ -\ \ 29 \\ \hline \end{array}$

2 ひっ算《さん》で　しましょう。　　1つ5点→20点

① 164−82

	1	6	4
−		8	2

② 135−67

③ 123−75

④ 106−69

とく点《てん》

点《てん》

シール

3 計算《けいさん》を　しましょう。

1つ5点→30点

① $$\begin{array}{r} 104 \\ -\ \ 97 \\ \hline \end{array}$$

② $$\begin{array}{r} 101 \\ -\ \ \ \ 9 \\ \hline \end{array}$$

③ $$\begin{array}{r} 557 \\ -\ \ \ \ 9 \\ \hline \end{array}$$

④ $$\begin{array}{r} 473 \\ -\ \ \ \ 7 \\ \hline \end{array}$$

⑤ $$\begin{array}{r} 763 \\ -\ \ 48 \\ \hline \end{array}$$

⑥ $$\begin{array}{r} 392 \\ -\ \ 56 \\ \hline \end{array}$$

4 ひっ算《さん》で　しましょう。

1つ5点→20点

① 100−96

② 645−7

③ 281−43

④ 932−28

月《がつ》　　日《にち》

水《みず》の　かさ

1 □に　あてはまる　数《かず》を　書《か》きましょう。　1つ4点→24点

① 4L＝□dL　　② 1dL＝□mL

③ 500mL＝□dL　　④ 1L＝□mL

⑤ 10dL＝□L　　⑥ 2000mL＝□L

2 水《みず》の　かさは　何《なん》L何《なん》dLでしょうか。　1つ4点→16点

①
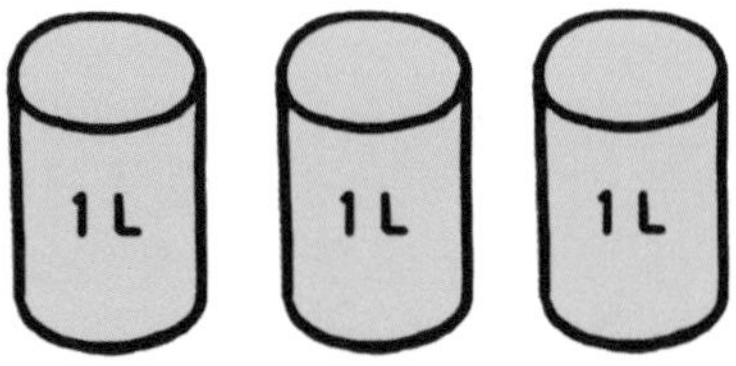

〔　　　L〕

②
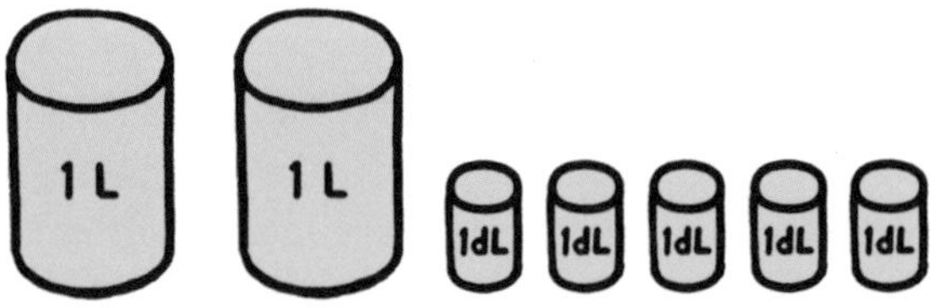

〔　　　L　　dL〕

③

〔　　　L　　dL〕

④
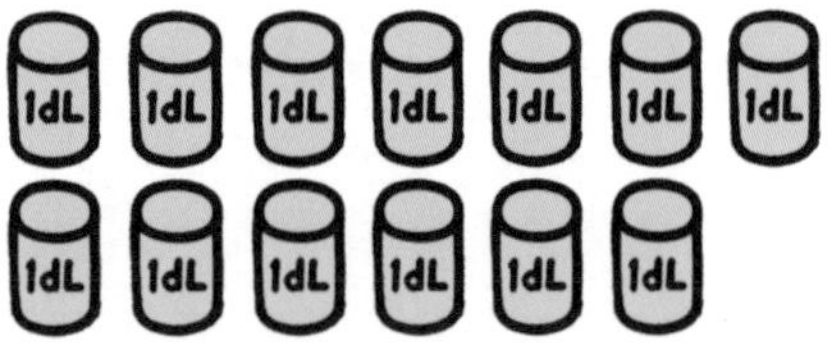

〔　　　L　　dL〕

3 □に　あてはまる　＞か　＜を　書《か》きましょう。　1つ2点→8点

① 2L □ 25dL　　② 1dL □ 10mL

③ 1L □ 900mL　　④ 1000mL □ 11dL

水《みず》の　かさの　計算《けいさん》では、
たんいの　ちがいに　気《き》を
つけて、計算《けいさん》しましょう。

とく点《てん》

点《てん》

シール

4 □に　あてはまる　数《かず》を　書《か》きましょう。　1つ4点→24点

① 4L 3dL ＝　　　dL

② 28dL ＝　　L　　dL

③ 1500mL ＝　　L　　dL

④ 3L 2dL ＝　　　mL

⑤ 8dL ＝　　　mL

⑥ 6dL 30mL ＝　　　mL

5 計算《けいさん》を　しましょう。　1つ5点→20点

① 4L 2dL ＋ 3L 6dL ＝　　L　　dL

② 7L 7dL － 2L 5dL ＝　　L　　dL

③ 2L 8dL ＋ 2L 7dL ＝　　L　　dL

④ 6L 3dL － 4L 5dL ＝　　L　　dL

6 水《みず》が　水《すい》とうに　8dL、ペットボトルに　2L 5dL、入《はい》って
います。合《あ》わせて　何《なん》L何《なん》dLでしょうか。　しき4点、答え4点→8点

しき

答《こた》え

算数《さんすう》

12 まとめ

月《がつ》　日《にち》

1 計算《けいさん》を　しましょう。　1つ5点→15点

① 5cm 4mm ＋ 3cm 3mm ＝ [　　cm　　mm]

② 6cm 2mm ＋ 4cm 6mm ＝ [　　cm　　mm]

③ 20cm 8mm － 7cm 5mm ＝ [　　cm　　mm]

2 □に　あてはまる　＞、＜、＝を　書《か》きましょう。　1つ5点→20点

① 410 ＋ 15 □ 420　　② 346 □ 364 － 14

③ 200＋100 □ 360－60　　④ 169＋11 □ 195－25

3 水《みず》が　ポットに　1L5dL、コップに　8dL　入《はい》って　います。

① 水《みず》は　合《あ》わせて　何《なん》L何《なん》dL でしょうか。　しき5点、答え5点→20点

しき

答《こた》え（　　　　）

② ポットの　水《みず》を、5L　入《はい》る　バケツに　入《い》れました。
バケツには　水《みず》が　あと　何《なん》L何《なん》dL　入《はい》るでしょうか。

しき

答《こた》え（　　　　）

とく点《てん》

点《てん》

シール

4 まゆさんは、午前《ごぜん》6時《じ》に　おきて、午後《ごご》10時《じ》に　ねました。
おきて　いた　時間《じかん》は　何時間《なんじかん》でしょう。　10点

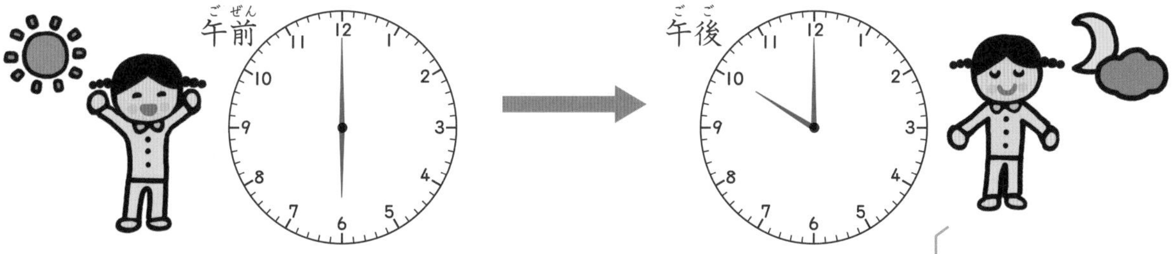

〔　　　　　〕

5 2年生《ねんせい》は　2クラス　あります。1組《くみ》が　35人《にん》、2組《くみ》が
37人《にん》です。2年生《ねんせい》は　みんなで　何人《なんにん》ですか。

しき5点、答え5点→10点

しき

答《こた》え〔　　　　　〕

6 192ページの　本《ほん》を　80ページまで　よみました。
あと　何《なん》ページ　のこって　いますか。　しき5点、答え5点→10点

しき

答《こた》え〔　　　　　〕

7 赤《あか》い　花《はな》と　白《しろ》い　花《はな》が、合《あ》わせて　123本《ぼん》　さきました。
そのうち　赤《あか》い　花《はな》は、55本《ほん》でした。白《しろ》い　花《はな》は　赤《あか》い
花《はな》より　何本《なんぼん》　多《おお》く　さいたでしょう。　しき10点、答え5点→15点

しき

答《こた》え〔　　　　　〕

3 上《うえ》の 文《ぶん》の ようすを あらわす ことばを 線《せん》で むすびましょう。

1つ6点→30点

① 北風《きたかぜ》が 強《つよ》く ふく。

② 太《たい》ようが はげしく てりつける。

③ 兄《あに》が 大声《おおごえ》で わらう。

④ 赤《あか》ちゃんが 気《き》もちよく ねむって いる。

⑤ 道《みち》に まよって あちこち 歩《ある》き回《まわ》る。

- げらげら
- ビュー ビュー
- ぎらぎら
- うろうろ
- すやすや

4 つぎの 文《ぶん》に あてはまる ことばを ｛ ｝から えらんで ○を つけましょう。

1つ5点→30点

① かぜが なおって ｛つるつる ／ ぴんぴん｝ して いる。

② 金魚《きんぎょ》が ｛すいすい ／ ごろごろ｝ およぐ。

③ 子《こ》どもが ｛すくすく ／ ずるずる｝ そだつ。

④ ｛ふかふか ／ ぬるぬる｝の パンケーキが やけた。

⑤ 入道雲《にゅうどうぐも》が ｛ぶかぶか ／ もくもく｝と わきあがる。

⑥ どんぐりが ｛だぶだぶ ／ ころころ｝ ころがる。

音《おと》や ようすを あらわす ことば

月《がつ》　日《にち》

1 つぎの 文《ぶん》に あてはまる ことばを ［　］から えらんで 書《か》きましょう。（1つ4点→20点）

① ひよこが ［　　　　］ と なく。

② コップが ［　　　　］ と われる。

③ ドアが ［　　　　］ と しまる。

④ かみなりが ［　　　　］ と なる。

⑤ かえるが ［　　　　］ と なく。

［ゴロゴロ　ガチャン　バタン　ケロケロ　ピヨピヨ］

2 つぎの 文《ぶん》に あてはまる ことばを ［　］から えらんで 書《か》きましょう。（1つ4点→20点）

① 頭《あたま》が ［　　　　］ と いたむ。

② 雨《あめ》で ［　　　　］ に ぬれる。

③ のどが ［　　　　］ に かわく。

④ ［　　　　］ の たきたて ごはん。

⑤ ［　　　　］ と しゅくだいを する。

［からから　こつこつ　ずきずき　ほかほか　びしょびしょ］

とく点《てん》　　点《てん》

シール

5 家《か》ぞくを　あらわす　ことばを　かん字《じ》で　書《か》きましょう。

1つ3点→18点

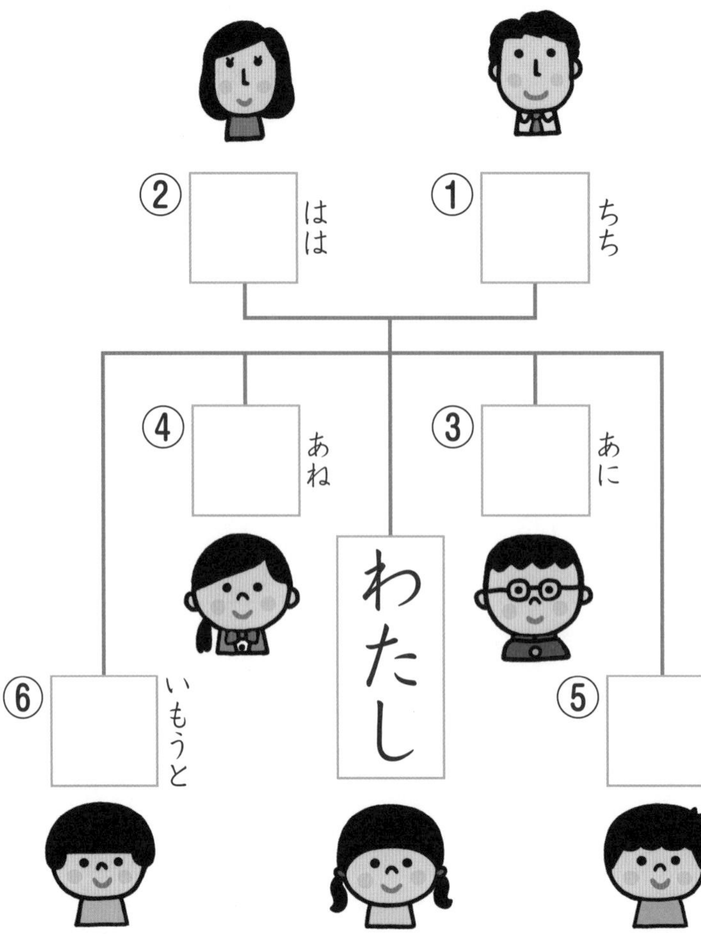

① □ ちち
② □ はは
③ □ あに
④ □ あね
⑤ □ おとうと
⑥ □ いもうと

わたし

6 色《いろ》を　あらわす　ことばを　かん字《じ》で　書《か》きましょう。

1つ3点→15点

① □ あか
② □ あお
③ □ き
④ □ くろ
⑤ □ ちゃ

7 曜《よう》日《び》と　教《きょう》科《か》を　あらわす　ことばを　かん字《じ》で　書《か》きましょう。

1つ3点→39点

① □げつ 曜《よう》日《び》は　□□こくご。
② □か 曜《よう》日《び》は　□□さんすう。
③ □すい 曜《よう》日《び》は　□□りか。
④ □もく 曜《よう》日《び》は　□□しゃかい。
⑤ □きん 曜《よう》日《び》は　□□ずこう。
⑥ □ど 曜《よう》日《び》は　□□おんがく。
⑦ □にち 曜《よう》日《び》は　お休《やす》み。

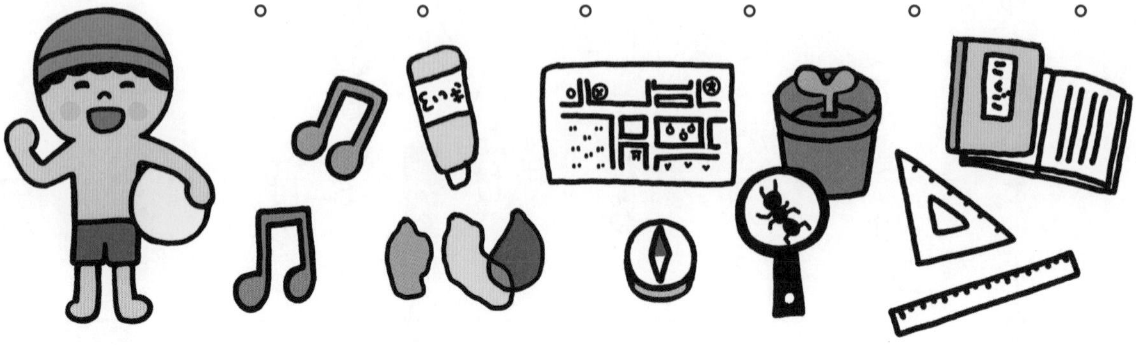

なかまの ことばと かん字《じ》

月《がつ》　日《にち》

なかまの ことばを あつめて、かん字《じ》を おぼえよう。

とく点《てん》

点《てん》

シール

1 方角《ほうがく》を あらわす ことばを かん字《じ》で 書《か》きましょう。

1つ2点→8点

① □ きた

② □ ひがし

③ □ みなみ

④ □ にし

2 時《とき》を あらわす ことばを かん字《じ》で 書《か》きましょう。

1つ2点→6点

① □ あさ

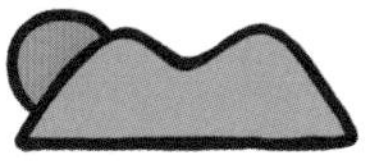

② □ ひる

③ □ よる

3 きせつを あらわす ことばを かん字《じ》で 書《か》きましょう。

1つ2点→8点

① □ はる

② □ なつ

③ □ あき

④ □ ふゆ

4 天気《てんき》を あらわす ことばを かん字《じ》で 書《か》きましょう。

1つ2点→6点

① □ は れ

② □ あめ

③ □ ゆき

3 ——の 日《ひ》づけの 読《よ》みがなを 書《か》きましょう。

1つ2点→22点

① 一月《いちがつ》一日

② 二月《にがつ》二日

③ 三月《さんがつ》三日

④ 四月《しがつ》四日

⑤ 五月《ごがつ》五日

⑥ 六月《ろくがつ》六日

⑦ 七月《しちがつ》七日

⑧ 八月《はちがつ》八日

⑨ 九月《くがつ》九日

⑩ 十月《じゅうがつ》十日

⑪ 十二月《じゅうにがつ》二十日

4 ——の かん字《じ》の 読《よ》みがなを 書《か》きましょう。

1つ2点→28点

① 人間　時間　間に入《はい》る

② 親切　親しい　親子

③ 図書かん　書く

④ 朝食　朝ごはん

⑤ 今週　今すぐ

⑥ 読書　読む

11 国語《こくご》 かん字《じ》の 読《よ》み方《かた》

月《がつ》　日《にち》

日《ひ》づけなど、とくべつな 読《よ》み方《かた》を する かん字《じ》は、そのまま おぼえて しまおう。

とく点《てん》

点《てん》

シール

1 ―の かん字《じ》の 読《よ》みがなを 書《か》きましょう。 （1つ2点→20点）

① 電話で［　］ 話す。［　］

② りょ行に［　］ 行く。［　］

③ 少年が［　］ ほんの 少し［　］ わらった。

④ 音楽を［　］ みんなで 楽しむ。［　］

⑤ 半分に［　］ 分ける。［　］

2 ―の かん字《じ》の 読《よ》みがなを 書《か》きましょう。 （1つ3点→30点）

① お父さん［　］

② お母さん［　］

③ お兄さん［　］

④ お姉さん［　］

⑤ 一人［　］

⑥ 二人［　］

⑦ 今日［　］

⑧ 今朝［　］

⑨ 今年［　］

⑩ 大人［　］

ひとえだ　おって、その　小《ちい》さい　角《つの》に　むすびつけて　やりました。

「さあ、かんざしを　あげたから、日《ひ》の　くれない　うちに　山《やま》へ　お帰《かえ》り。」

子《こ》ジカは　よろこんで　山《やま》に　帰《かえ》りました。

ぼうやの　シカから　話《はなし》を　聞《き》くと、お父《とう》さんジカと　お母《かあ》さんジカは、口《くち》を　そろえて、

「ぼおんと　いう　音《おと》は　お寺《てら》の　かねだよ。」

「おまえの　角《つの》に　ついて　いるのが　①花《はな》だよ。」

「その　花《はな》が　いっぱい　さいて　いて、気《き》もちの　よい　においの　して　いた　ところが、春《はる》だったのさ。」

と　教《おし》えて　やりました。

＊ねかた……ねもと。

「里の春、山の春」（新美南吉）

3 おじいさんは　さくらの　えだを　子《こ》ジカの　どこに　むすびつけましたか。　20点

［　　　　］

4 ①――の　「花《はな》」とは、何《なん》の　花《はな》ですか。　20点

［　　　　］の　花《はな》。

5 「その花《はな》が　いっぱい　さいて　いて、気《き》もちの　よい　においの　して　いた　ところ」とは、どこの　ことですか。㋐〜㋒から　えらんで（　）に　○を　つけましょう。　20点

㋐（　）山《やま》　㋑（　）野原《のはら》　㋒（　）町《まち》

ものがたりの 読《よ》みとり

月《がつ》　日《にち》

里《さと》の 春《はる》の ようすを そうぞうして 読《よ》もう。

とく点《てん》　　点《てん》

シール

1 つぎの お話《はなし》を 読《よ》んで、もんだいに 答《こた》えましょう。

「ぼおん。」

ぼうやの シカは、ぴんと 耳《みみ》を 立《た》てて 聞《き》いて いました。やがて、その 音《おと》に さそわれて、どんどん 山《やま》を 下《お》りて ゆきました。

山《やま》の 下《した》には 野原《のはら》が 広《ひろ》がって いました。

野原《のはら》には さくらの 花《はな》が さいて いて、よい かおりが して いました。

一本《いっぽん》の さくらの 木《き》の ねかたに、*やさしい おじいさんが いました。

子《こ》ジカを 見《み》ると おじいさんは、さくらを

① ＝＝の 「ぼおん」と いう 音《おと》は、何《なん》の 音《おと》でしたか。 20点

（　　　　　）の 音《おと》。

② 子《こ》ジカは どうして 山《やま》を 下《お》りて いったのでしょう。㋐〜㋒から えらんで、（　）に ○を つけましょう。 20点

㋐（　）おじいさんに 会《あ》いたかったから。

㋑（　）さくらの 花《はな》を 見《み》たかったから。

㋒（　）「ぼおん」と いう 音《おと》が 聞《き》こえたから。

3 はんたいの いみの ことばに なるように □に かん字《じ》を 書《か》きましょう。

1つ4点→48点

① 右《みぎ》手《て》 ⇕ □《ひだり》手《て》

② 売《う》る ⇕ □《か》う

③ 強《つよ》気《き》 ⇕ □《よわ》気《き》

④ 地《ち》上《じょう》 ⇕ 地《ち》□《か》

⑤ 太《ふと》い ⇕ □《ほそ》い

⑥ 午《ご》前《ぜん》 ⇕ 午《ご》□《ご》

⑦ 夏《なつ》 ⇕ □《ふゆ》

⑧ 少《しょう》数《すう》 ⇕ □《た》数《すう》

⑨ 市《し》内《ない》 ⇕ 市《し》□《がい》

⑩ 小《こ》声《ごえ》 ⇕ □《おお》声《ごえ》

⑪ 入《い》り口《ぐち》 ⇕ □《で》口《ぐち》

⑫ 男《おとこ》 ⇕ □《おんな》

4 つぎの ことばを、同《おな》じ いみに なるように 二《ふた》つの かん字《じ》で 書《か》きましょう。

1つ6点→42点

① 新《あたら》しい 年《とし》 → □《しん》□《ねん》

② 休《やす》みの 日《ひ》 → □《きゅう》□《じつ》

③ 朝《あさ》ごはん → □《ちょう》□《しょく》

④ 海《うみ》の 水《みず》 → □《かい》□《すい》

⑤ 強《つよ》い 力《ちから》 → □《きょう》□《りょく》

⑥ 白《しろ》い 線《せん》 → □《はく》□《せん》

⑦ 青《あお》い 空《そら》 → □《あお》□《ぞら》

はんたいの いみ、にた いみの ことば

月《がつ》　日《にち》

とく点《てん》

点《てん》

シール

1

つぎの ——の ことばと はんたいの いみの ことばを、［　］から えらんで 書《か》きましょう。

1つ1点→5点

① 新《あたら》しい ふく。

② 明《あか》るい 道《みち》。

③ 手《て》を 上《あ》げる。

④ 力《ちから》が 強《つよ》い。

⑤ 学校《がっこう》まで 近《ちか》い。

弱《よわ》い　くらい　古《ふる》い
下《さ》げる　遠《とお》い

2

つぎの ——の ことばと にた いみの ことばを、［　］から えらんで 書《か》きましょう。

1つ1点→5点

① うつくしい けしき。

② 朝《あさ》、目《め》が さめる。

③ 友《とも》だちに 話《はな》す。

④ こわい 思《おも》いを した。

⑤ 犬《いぬ》が 走《はし》る。

おそろしい　きれいな
かける　しゃべる　おきる

4 つぎの 文《ぶん》に、点《てん》(、)を 一《ひと》つずつ 書《か》きましょう。 1つ3点→6点

① とても あついので エアコンを つけました。

② 九月《くがつ》に なったら 学校《がっこう》が はじまります。

5 つぎの 文《ぶん》に、かぎ(「」)を 一《ひと》組《くみ》ずつ 書《か》きましょう。 かぎ(「」)一組4点→8点

① 先生《せんせい》が 教室《きょうしつ》に 入《はい》ると、テストを します。と 言《い》いました。

② 男《おとこ》の子《こ》が ないて いたので、どうしたの。と 声《こえ》を かけました。

---

6 つぎの □に、点《てん》(、)か 丸《まる》(。)か かぎ(「 」)を 書《か》きましょう。 1つ4点→52点

① ぼくは □ げん気《き》よく
□ いってきます。□
と 言《い》って □ 学校《がっこう》に 行《い》きました。

② □ もう いいかい。□
□ もう いいよ。□
ぼくは □ つくえの 下《した》に かくれて
いる ともやくんを 見《み》つけて □
□ 見《み》いつけた。□
と 言《い》いました □

丸《まる》（。）・点《てん》（、）・かぎ（「」）

月《がつ》　日《にち》

点《てん》（、）や丸《まる》（。）、かぎ（「」）を つけると、文《ぶん》が 読《よ》みやすく なるよ。

とく点《てん》

点《てん》

シール

1 つぎの □に、丸《まる》（。）か 点《てん》（、）を 書《か》きましょう。

1つ3点→12点

① きのう □ プールに 行《い》きました □

② 妹《いもうと》が □ 絵《え》を かいて いる □

2 つぎの 文《ぶん》に かぎ（「」）を 二組《ふたくみ》 書《か》きましょう。

かぎ（「」）一組3点→6点

ともやくんが、
けしゴムを かして。
と 言《い》いました。ぼくは、
はい、どうぞ。
と 言《い》って、かして あげました。

3 絵《え》の いみに なるように、文《ぶん》に 点《てん》（、）を 書《か》きましょう。

1つ4点→16点

①

みせではきものをかう。

②

みせではきものをかう。

③

うらにはたけがある。

④

うらにはたけがある。

ナメクジです。
ナメクジに　しおを　かけると、とけて
しまうと　いわれますが、本当《ほんとう》は　とけて
いる　わけでは　ありません。
ナメクジには、わたしたちのような　しっ
かりと　した　ひふは　ありません。
しおには、水分《すいぶん》を　すいとる
はたらきが　あるので、
ナメクジに　しおを　かけると、
どんどん　体《からだ》の　水分《すいぶん》が
すいとられて、小《ちい》さく
ちぢんで　しんで
しまうのです。
カタツムリに　しおを
かけても、同《おな》じように
ちぢんで　しまいます。

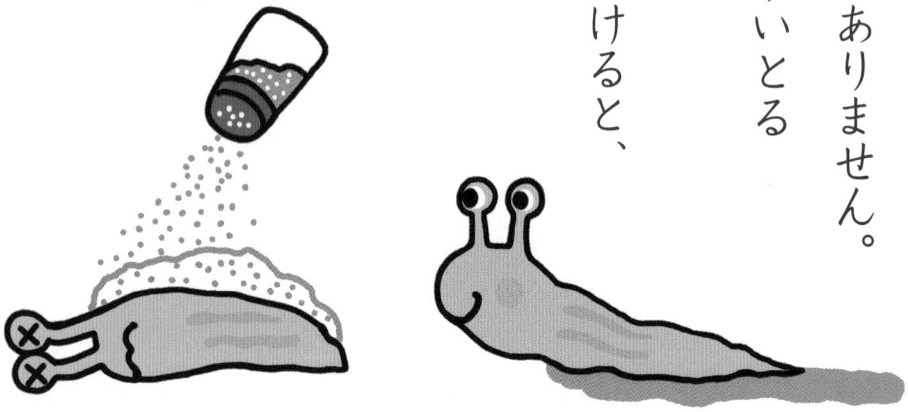

③りく地《ち》に　いる、からが　ない　まき貝《がい》は
なんですか。　15点

〔　　　　〕

④しおには　どんな　はたらきが
ありますか。□に　あてはまる
ことばを　書《か》きましょう。　1つ14点→28点

しおには、□を
□はたらきが　ある。

⑤ナメクジに　しおを　かけると　どう
なりますか。正《ただ》しい　ほうの（　）に
○を　つけましょう。　14点

㋐（　）体《からだ》が　とけて　しまう。
㋑（　）体《からだ》が　ちぢんで　しまう。

せつめい文《ぶん》の 読《よ》みとり

月《がつ》　日《にち》

書《か》いて ある ことを しっかり 読《よ》みとろう。

とく点《てん》

点《てん》

シール

1 つぎの 文《ぶん》しょうを 読《よ》んで、もんだいに 答《こた》えましょう。

カタツムリと ナメクジは、とても 近《ちか》い しんせきで、どちらも 貝《かい》の なかまです。からが 二《に》まいの アサリや シジミは、「二《に》まい貝《がい》」と いい、からが ぐるぐると まいて いる 貝《かい》は、「まき貝《がい》」と いいます。まき貝《がい》の なかまには、りく地《ち》に すんで いる ものも います。りく地《ち》に いる まき貝《がい》が、カタツムリです。

カタツムリの なかには、からが なく なって しまった ものが います。それが

① カタツムリと ナメクジは なんの なかまですか。（15点）

［　　　　］の なかま。

② つぎの 貝《かい》は なんと いいますか。文《ぶん》しょうから あてはまる ことばを 書《か》き出《だ》しましょう。（1つ14点→28点）

からが 二《に》まいの アサリや シジミは

「　　　　」と いい、

からが ぐるぐると まいて いる 貝《かい》は、

「　　　　」と いいます。

6 国語《こくご》

かん字《じ》の おくりがな

月《がつ》　日《にち》

正《ただ》しい　おくりがなを しっかり おぼえよう。

1 つぎの ことばで、おくりがなが 正《ただ》しい ほうの（　）に ○を つけましょう。　1つ12点→48点

① かんがえる　㋐（　）考る　㋑（　）考える

② あたらしい　㋐（　）新しい　㋑（　）新らしい

③ おこなう　㋐（　）行う　㋑（　）行なう

④ あたる　㋐（　）当る　㋑（　）当たる

2 つぎの ことばを かん字《じ》と おくりがなで 書《か》きましょう。　1つ13点→52点

① 数《かず》を［　　　］。（かぞえる）

② 算数《さんすう》を［　　　］。（おしえる）

③ えいがを［　　　］。（たのしむ）

④ 風車《ふうしゃ》が［　　　］。（まわる）

とく点《てん》　　点《てん》

シール

5 国語《こくご》

同《おな》じ ぶぶんを もつ かん字《じ》

月《がつ》　日《にち》

とく点《てん》

点《てん》

シール

1 同《おな》じ ぶぶんを もつ かん字《じ》を 書《か》きましょう。 1つ4点→48点

① □《やす》む　□《からだ》

② □《しろ》い 花《はな》。　□《ひゃく》円玉《えんだま》

③ □《ゆき》国《ぐに》　雨《あま》□《ぐも》

④ 公《こう》□《えん》　地《ち》□《ず》

⑤ □《よ》む　□《はな》す

⑥ □《がっ》校《こう》　文《も》□《じ》

2 同《おな》じ ぶぶんを もつ かん字《じ》を 書《か》きましょう。 1つ4点→52点

① □《とり》の □《な》き声《ごえ》。

② □《まい》日《にち》、□《はは》に おこられる。

③ □《ほそ》い □《せん》を 引《ひ》く。

④ □《ちか》くの □《みち》を 車《くるま》が □《とお》る。

⑤ □《き》車《しゃ》に のって □《うみ》に 行《い》く。

⑥ 手《て》□《がみ》に □《え》を かく。

3

□の ことばを ①〜③に 分《わ》けて、かたかなに 直《なお》して 書《か》きましょう。

1つ5点→30点

① 外国《がいこく》から 来《き》た ことば

② どうぶつの 鳴《な》き声《ごえ》や ものの 音《おと》

③ 外国《がいこく》の 国《くに》や 土地《とち》、人《ひと》の 名前《なまえ》

ふらんす　ろぼっと　けろけろ
えじそん　ぴあの　がちゃん

4

つぎの 文《ぶん》の 中《なか》で、かたかなで 書《か》いた ほうが よい ことばを 二《ふた》つ 見《み》つけて、かたかなで 書《か》きましょう。

1つ5点→40点

① れすとらんで おむれつを 食《た》べる。

② ぱとかあが さいれんを ならす。

③ さっかあで ごうるを きめる。

④ あんでるせんは でんまあくの 作家《さっか》です。

4 国語《こくご》

かたかなで 書《か》く ことば (2)

月《がつ》　日《にち》

1 つぎの ことばを かたかなに 直《なお》して 書《か》きましょう。

1つ3点→15点

① ふらいどぽてと

② へりこぷたあ

③ あすぱらがす

④ かすたねっと

⑤ くりすます

2 下《した》の 絵《え》を 見て、正《ただ》しい かたかなに 直《なお》して 書《か》きましょう。

1つ3点→15点

① ユーグルト

② フンドセル

③ ヌカート

④ ンフトクリーム

⑤ ルンバーグ

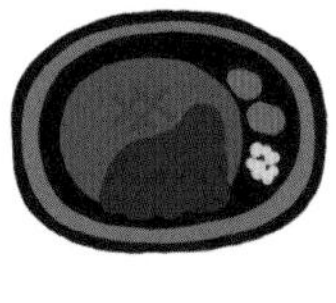

とく点《てん》

点《てん》

シール

3 国語《こくご》

かん字《じ》の 組《く》み立《た》て

月《がつ》　日《にち》

パズルみたいに
かん字《じ》を　組《く》み合《あ》わせよう。

とく点《てん》

点《てん》

シール

1

つぎの　かん字《じ》を　組《く》み合《あ》わせると、
どんな　かん字《じ》に　なりますか。
□に　かん字《じ》を　書《か》きましょう。

1つ8点→40点

① 山＋石→□

② 日＋生→□

③ 日＋月→□

④ 女＋市→□

⑤ 田＋力→□

2

つぎの　かん字《じ》を　組《く》み合《あ》わせると、
どんな　かん字《じ》に　なりますか。
□に　かん字《じ》を　書《か》きましょう。

1つ10点→60点

① 糸 田 → □

② 日 青 → □

③ 門 耳 → □

④ 王 里 → □

⑤ 日 寺 → □

⑥ 田 心 → □

2 国語《こくご》 かん字《じ》の 書《か》きじゅん

月《がつ》　日《にち》

正《ただ》しい 書《か》きじゅんを しっかり おぼえよう。

とく点《てん》

点《てん》

シール

1 つぎの かん字《じ》の 赤《あか》い ぶぶんは、何画目《なんかくめ》に 書《か》きますか。数字《すうじ》で 答《こた》えましょう。 （1つ5点→60点）

① 土 （　　）画目《かくめ》
② 上 （　　）画目《かくめ》
③ 王 （　　）画目《かくめ》
④ 年 （　　）画目《かくめ》
⑤ 海 （　　）画目《かくめ》
⑥ 長 （　　）画目《かくめ》
⑦ 何 （　　）画目《かくめ》
⑧ 番 （　　）画目《かくめ》
⑨ 馬 （　　）画目《かくめ》
⑩ 船 （　　）画目《かくめ》
⑪ 図 （　　）画目《かくめ》
⑫ 丸 （　　）画目《かくめ》

2 つぎの 書《か》きじゅんで、正《ただ》しい ほうの （　）に ○を つけましょう。 （1つ10点→40点）

① 右
㋐（　） 一 ナ 才 右 右
㋑（　） ノ ナ 才 右 右

② 左
㋐（　） 一 ナ 𠂇 左 左
㋑（　） ノ ナ 𠂇 左 左

③ 母
㋐（　） く 口 母 母 母
㋑（　） く 口 母 母 母

④ 方
㋐（　） 丶 亠 方 方
㋑（　） 丶 亠 ナ 方

ハ ヒ フ ヘ ホ
マ ミ ム メ モ
ヤ （イ） ユ （エ） ヨ
ラ リ ル レ ロ
ワ （イ） （ウ） （エ） ヲ
ン

3 □に かたかなを 書《か》きましょう。

1つ3点↓42点

① □《あ》イス
② □《ま》イク
③ □《わ》ンピース
④ □《く》ッキー
⑤ □《ふ》ォーク
⑥ □《ら》ーメン
⑦ □《ゆ》ニフォーム
⑧ □《よ》ット
⑨ タイ□《や》
⑩ □《か》レー
⑪ □《て》ーブル
⑫ □《ち》ーズ
⑬ □《そ》ーセージ
⑭ ウイ□《ん》ナー

1 国語《こくご》 かたかなで 書《か》く ことば (1)

月《がつ》　日《にち》

とく点《てん》　点《てん》

シール

1 書《か》きじゅんに 気《き》を つけて、かたかなを 書《か》きましょう。

ぜんぶ 書《か》けて 40点

ナ	タ	サ	カ	ア
ニ	チ	シ	キ	イ
ヌ	ツ	ス	ク	ウ
ネ	テ	セ	ケ	エ
ノ	ト	ソ	コ	オ

2 絵《え》に 合《あ》う ことばを えらんで、○で かこみましょう。

1つ3点→18点

①

マイロン
アイロン

②

テレビ
チレビ

③

ジュース
ヅュース

④

ヌリッパ
スリッパ

⑤

フレヨン
クレヨン

⑥

トランプ
イランプ

夏《なつ》休みドリル
こくご
小学《しょうがく》2年《ねん》

ドリルを　やり　おわったら、とく点《てん》を　書《か》いて、シールを　はりましょう。

もくじ